配套微课视频讲解

"十三五"高职高专规划教材·精品系列

PHOTOSHOP CS6 PINGMIAN SHEJI XIANGMUHUA JIAOCHENG

Photoshop CS6
平面设计项目化教程

王剑峰　陈美湘　徐受蓉　主　编
黄　艳　刘泓伶　何　嘉　蒋文豪　副主编

中国铁道出版社有限公司
CHINA RAILWAY PUBLISHING HOUSE CO., LTD.

内 容 简 介

本书根据教育部有关职业院校数字媒体应用技术专业技能型紧缺人才培养指导方案的精神，突出职业资格与岗位认知相结合的特点，以实用性为原则，从零起点开始介绍 Photoshop CS6 的使用方法和技巧。本书共 10 个项目，分别介绍了基本工具、通道与蒙版、滤镜、路径与图层、色彩调整等内容。从项目的角度展开教学，由浅入深、循序渐进地介绍使用 Photoshop CS6 软件进行平面设计所需掌握的知识点。本书配有网络教学资源，可登录网站（http://www.cqepc.cn:8011/）获取相关教学资源。

本书可作为高等职业院校数字媒体应用技术专业的授课教材，也可作为中高级职业资格与就业的培训用书。

图书在版编目（CIP）数据

Photoshop CS6 平面设计项目化教程 / 王剑峰，陈美湘，徐受蓉
主编 . —北京：中国铁道出版社，2017.4（2022.8重印）
"十三五"高职高专规划教材 . 精品系列
ISBN 978-7-113-22794-4

Ⅰ . ①P… Ⅱ . ①王… ②陈… ③徐… Ⅲ . ①图像处理软件－高等
职业教育－教材 Ⅳ . ① TP391.413

中国版本图书馆 CIP 数据核字（2017）第 012282 号

书　　名：Photoshop CS6 平面设计项目化教程
作　　者：王剑峰　陈美湘　徐受蓉

策　　划：陈士剑　汪　敏　　　　　　　　编辑部电话：（010）51873628
责任编辑：秦绪好　尹　娜
封面设计：刘　颖
封面制作：白　雪
责任校对：张玉华
责任印制：樊启鹏

出版发行：中国铁道出版社有限公司（100054，北京市西城区右安门西街 8 号）
网　　址：http://www.tdpress.com/51eds/
印　　刷：北京柏力行彩印有限公司
版　　次：2017 年 4 月第 1 版　　　2022 年 8 月第 8 次印刷
开　　本：787 mm×1 092 mm　1/16　印张：15.5　字数：387 千
书　　号：ISBN 978-7-113-22794-4
定　　价：53.80 元

本书以目前常用的图形图像处理软件 Adobe Photoshop CS6 为蓝本，用丰富的项目设计范例，介绍计算机平面制作的基本知识和操作技能。通过学习和实践，学生能够灵活掌握图形图像处理的基本操作、方法和技巧，为顺利就业打下良好的基础。本书在编排中打破传统教材"重理论、轻实践"和"只讲操作、不讲原理"的编写模式，以"项目教学"和"任务驱动"来构建教材体系，将理论和实践有机地结合起来，充分体现了"以服务为宗旨，以就业为导向"的高职学生培养模式和指导思想。在内容安排上，每个项目分为几个具体的任务（每个任务就是一个案例，让学生制作一个小作品），在本书中，不求知识点的系统性和完整性，只求知识和技能在学习上的循序渐进。对于基础较好的学生，在每个项目后都有"项目实训"，可进行"实战"能力的训练。

本书各项目尽量贴近生活需要，贴近工作要求，很多任务都来源于一些实际作品，是数年教学、实践、教改经验的总结，很有代表性。在具体项目的制作过程中，让学生充分感受创作的满足感和成就感，使学生在学习和模仿的过程中勇于创作出具有个性化的作品。本书各项目组成部分具有如下特点：

背景说明：介绍本项目的背景及学习的知识方向和岗位能力。

学习目标：了解本项目的知识目标、技能目标。

项目实训：在具备上述理论知识和操作技能的基础上进行模仿项目范例练习，通过最终效果、设计思路、操作步骤来完成，目的是让学生巩固并加深所学到的知识和技能。

本书各任务组成部分具有如下特点：

知识要点：让学生简要了解本任务的知识点和需要掌握的操作技能。

知识要点学习：详尽地讲解本任务中用到的，以及与学习相关的一些知识点。

小提示:在范例制作和知识讲解的过程中,经常会根据需要适时以"小提示"的形式给学生提供一些关键性的信息,供学生拓展知识面。

本书由重庆航天职业技术学院王剑峰、陈美湘、徐受蓉任主编,黄艳、刘泓伶、何嘉、蒋文豪任副主编。具体编写分工如下:王剑峰、黄艳负责编写项目一、二、十;陈美湘负责编写项目三、四;刘泓伶负责编写项目五、六;何嘉、蒋文豪负责编写项目七、八、九。全书由王剑峰、徐受蓉负责组织与统稿。

本书是重庆市高等教育教学改革重大项目(项目编号:101404)的研究成果之一,是重庆市高等职业院校专业能力建设"数字媒体应用技术专业"建设项目研究成果,也是平面制作精品资源共享课的配套用书(书中相关实例的文字及动画演示可在精品课程网站上下载,网站地址:http://www.cqepc.cn:8011/)。本书可作为高等职业院校计算机相关专业的教学和社会培训用书,也可作为广大平面制作(Photoshop)爱好者的自学用书。重庆航天职业技术学院"数字媒体应用技术"课程教学时数为80学时(理论40,实训40),根据教学要求和学生的具体情况,建议在机房进行理实一体化教学。

由于编写时间有限,书中难免存在疏漏和不足,敬请广大读者批评指正。

编　者
2016 年 12 月

CONTENTS **目 录**

项目一

图像处理基本知识

背景说明

　　随着信息技术的进步和多媒体技术的迅速发展，人们对信息世界的探索在不断加强，多媒体技术越来越多地为人们的日常生活、学习和工作服务。图形和图像是多媒体技术两种重要的表现形式，是人们获取信息的重要手段，是信息技术发展中重要的产物。图形图像处理技术不断服务于各个研究领域，应用越来越广泛。通过本项目的学习，读者能够理解图像的基本概念，理解位图与矢量图、图像尺寸与分辨率、文件常用格式、图像色彩模式等知识，快速掌握图形图像处理的基本方法，为今后的学习打下良好的基础。

学习目标

知识目标：学习图像的分辨率、色彩模式、图像文件的存储格式等。

技能目标：理解位图和矢量图的特点及区别。

重点与难点

重点：图像处理的相关概念。

难点：分辨率、位图与矢量图的区别。

更多惊喜

任务一　改变图像分辨率、色彩模式及保存图像

【知识要点】

　【像素与分辨率】　是用于描述图像文件信息的术语。
　【色彩模式】　是作品能够在屏幕和印刷品上成功表现的重要保障。
　【文件格式】　图像在计算机中的记录形式。

【任务目标】

　　学习图像处理的基本知识，并学会设置图像的分辨率、改变色彩模式、选择不同的文件格式进行保存。

【操作步骤】

　01　双击 Photoshop CS6 图标 ，，启动 Photoshop CS6，启动界面如图 1-1 所示。等待片刻打开 Photoshop CS6 操作界面，如图 1-2 所示。

图1-1　Photoshop CS6启动界面

图1-2 Photoshop CS6操作界面

02 执行【文件】/【打开】命令,弹出【打开】对话框,如图1-3所示,选择一幅图像,单击【打开】按钮,即在Photoshop CS6中打开该图像。

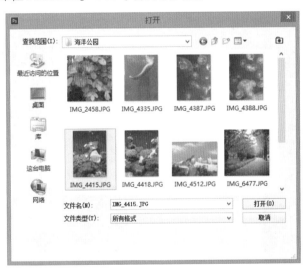

图1-3 【打开】对话框

03 执行【图像】/【图像大小】命令,打开如图1-4所示的【图像大小】对话框,在此对话框中可以看到这幅图像的像素大小、文档大小和分辨率等信息。将分辨率设置为96像素/英寸,【像素大小】区域内图像的宽度和高度值也随之发生改变,如图1-5所示,然后单击【确定】按钮。可以看出,图像尺寸固定时,分辨率越大,图像包含的像素越多。

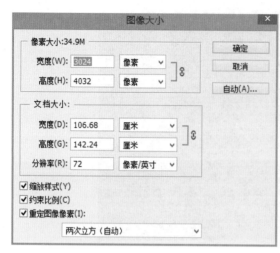

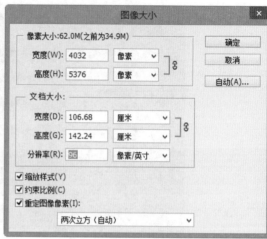

图1-4 【图像大小】对话框1　　　　　　　　　　　　　图1-5 【图像大小】对话框2

04 执行【图像】/【模式】命令，可以看到此时图像是【RGB 颜色】，选择【CMYK 颜色】，如图 1-6 所示，观察图像的变化。

图1-6 选择【CMYK颜色】

05 执行【文件】/【存储为】命令，打开【存储为】对话框，选择存储的路径，输入要存储的图片名称，如图 1-7 所示。然后在【格式】下拉列表中选择【JPEG】格式进行保存，如图 1-8 所示。单击【保存】按钮即可将图像保存。

图1-7　【存储为】对话框

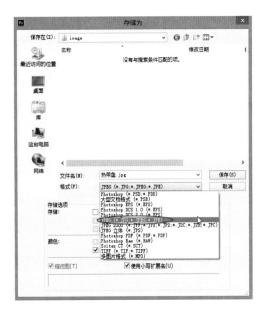

图1-8　选择【JPEG】格式

【知识要点学习】

（一）像素与分辨率

像素是构成图像的基本单位，水平及竖直方向上的若干像素组成一幅图像。像素是一个有色彩的小方块，但像素是一个抽象的概念，它没有具体的宽度和高度值。一幅尺寸不变的图像，像素越多即像素点越小，越能体现图像的细节，图像就越清晰细腻，品质也越好，其文件也越大。例如，一幅 640×480 的图像，表示这张图片在每一个长度的方向上都有 640 个像素点，每一个宽度方向上都 480 个像素点，总数就是 640×480=307 200 个像素，简称这幅图像有 30 万像素。

分辨率是指单位长度上像素的数目。例如，一幅 3 英寸 ×5 英寸大小的图像，以 300 ppi 的分辨率进行输出时，该图像的像素值为（3×300） × （5×300）=1 350 000 个像素。分辨率越高，单位长度中所包含的像素也就越多，输出的图像品质也越精细。

分辨率通常可以分为以下几种类型。

（1）图像分辨率：一幅图像中，每单位长度能显示的像素数目，称为该图像的分辨率。这种分辨率有多种衡量方法，常用的是以每英寸的像素数（ppi, Pixel Per Inch）来衡量，也可以以每厘米的像素数（ppc, Pixel Per Centimeter）来衡量。

图像分辨率决定了图像的输出质量，图像分辨率和图像尺寸（高宽）共同决定了文件的大小，在图像尺寸固定时，图像分辨率越大，图像文件所占用的磁盘空间也就越多。图像应采用什么分辨率，要以发行媒介来决定。如果直接在计算机中显示或者在网络上传输使用图像，则分辨率设为 72 ppi 或 96 ppi 即可；如果将设计的图像用于印刷，分辨率宜设为 300 ppi。但是使用过高的分辨率，不但不会增加品质，反而会增加文件的大小，降低输出的速度。

（2）显示器分辨率：显示器上每单位长度所能显示的像素或点的数目，称为该显示器的分辨率。它是以每英寸含有多少点来计算的，通常以"点／英寸"（dpi, Drop Per Inch）为单位。

显示器分辨率是由显示器的大小与显示器的像素设定，以及显卡的性能来决定，一般为 72 像素。如果在一台设备分辨率为 72 dpi 的显示器上将图像分辨率从 72 dpi 增大到 144 dpi (保持图像尺寸不变)，那么该图像将以原图像实际尺寸的 2 倍显示在屏幕上。

（3）打印机分辨率：打印机在每英寸所能产生的墨点数目，称为打印机的分辨率，也称输出分辨率。与显示器分辨率类似，打印机分辨率也以"点／英寸"来衡量。如 720 dpi，是指在用该打印机输出图像时，在每英寸打印纸上可以打印出 720 个色点。打印机分辨率越大，表明图像输出的色点越小，输出的图像效果就越精细。打印机色点的大小只同打印机的硬件工艺有关，为了达到更好的效果，图像分辨率可以不必与打印机的完全相同，但要和打印机的分辨率成比例。

（二）色彩模式

Photoshop 中的颜色模式是指用于显示和打印图像的颜色模型。常见的模式包括 HSB（色相、饱和度、亮度）、RGB（红色、绿色、蓝色）、CMYK（青色、洋红、黄色、黑色）和 Lab。Photoshop 中也包括用于特别颜色输出的模式，如索引颜色和双色调。

1. 位图模式

该模式只有两种颜色值（黑色或白色）。位图模式下的图像称为黑白图像。

2. 灰度模式

灰度模式是由 8 bit 的像素分辨率记录的，该模式最多可使用 256 级的灰度，图像中的每个像素都有一个 0（黑色）到 255（白色）之间的亮度值。灰度值也可以用黑色油墨覆盖的百分比来度量（0% 等于白色，100% 等于黑色）。使用黑白或灰度扫描仪生成的图像通常以灰度模式显示，也可以将位图和彩图转换为灰度图。转换为高品质的灰度图后，原图像中的所有颜色信息都会被放弃，转换后像素的灰阶（色度）表示原像素的亮度。

3. 索引颜色模式

索引颜色图像是单通道图像（8 bit/pixel），使用 256 种颜色的颜色查找表。在索引颜色模式下只能应用有限的编辑。

该模式有最多 256 种颜色。当转换为索引颜色时，Photoshop 将构建一个颜色查找表，用以存放并索引图像中的颜色。如果原图像中的某种颜色没有出现在该表中，则程序将选取现有颜色中最接近的一种，或使用现有颜色模拟该颜色。通过限制调色板，索引颜色可以减小文件，同时保持视觉质量不变。

4. RGB 模式

RGB 模式是 Photoshop 中最常用的一种颜色模式，这是因为在此模式下对图像进行加工处理较为方便，而且这种模式占用磁盘空间也不大。

RGB 分别代表红色、绿色和蓝色。称为光的三原色。图像的形成是 3 种颜色光线的叠加。它们可以在屏幕上重新生成多达 1 670 万种颜色。RGB 图像为三通道图像，因此，每个像素包含 24（8×3）bit。

5. CMYK 模式

该模式是一种印刷模式，CMYK 模式图像有印刷分色的 4 种颜色组成。CMYK 模式是四通道图像，包含 32 (8×4) bit/pixel。CMYK 为青色 (Cyan)、洋红 (Magenta)、黄色 (Yellow)、黑色 (Black) 的缩写。由黄、洋红和青 3 种颜色的油墨混合在一起，理论上可产生彩色图像，但实际印刷中，3 种颜色混合只能产生深灰色，而不能产生黑色，所以，又加入了黑色。

（三）图像文件格式

Photoshop 兼容的图像文件格式很多，它能对这些图像进行编辑操作。

1. PSD（.psd）格式

PSD 是 Photoshop 软件自带格式，它可以保存 Photoshop 在制作图像时的各种信息，如图层、通道、路径、样式和效果等，文件也相应较大。

PSD 文件有时容量会很大，但由于可以保留所有原始信息，在图像处理中对于尚未制作完成的图像，选用 PSD 格式保存是最佳的选择。但是该格式并不为大多数图像处理及排版软件兼容，因此，在图像处理完毕后，需要保存为其他兼容性较好的格式。

2. BMP（.bmp）格式

BMP 是英文 Bitmap（位图）的简写，是一种与硬件设备无关的图像文件格式，使用非常广，是 DOS 和 Windows 兼容计算机上的标准 Windows 图像格式。BMP 格式支持 RGB、索引颜色、灰度和位图颜色模式，但不支持 Alpha 通道。它采用位映射存储格式，除了图像深度可选，不采用其他任何压缩，因此，BMP 文件所占用的空间很大。BMP 文件的图像深度可选 1 bit、4 bit、8 bit 及 24 bit。

3. TIFF（.tif）格式

标记图像文件格式（TIFF）用于在应用程序和计算机平台之间交换文件。TIFF 是一种灵活的位图图像格式，几乎被所有的绘画、图像编辑和页面版面应用程序支持。而且，几乎所有的桌面扫描仪都可以生成 TIFF 图像。TIFF 是现存图像文件格式中最复杂的一种，它具有扩展性、方便性、可改性。TIFF 图像文件由 3 个数据结构组成，分别为文件头、一个或多个称为 IFD 的包含标记指针的目录，以及数据本身。TIFF 图像文件中的第一个数据结构称为图像文件头或 IFH。这个结构是一个 TIFF 文件中唯一的、有固定位置的部分；IFD 图像文件目录是一个字节长度可变的信息块，Tag 标记是 TIFF 文件的核心部分，在图像文件目录中定义了要用的所有图像参数，目录中的每一目录条目就包含图像的一个参数。

TIFF 格式文件在 Photoshop 中存储时会出现一个 TIFF 选项对话框，在这个对话框中可以选择 PC 和 MAC 两种格式，在保存时可选择 LZW 压缩保存的图像文件。增强的 TIFF 格式不支持路径，用户可在另存为对话框中的图像压缩下拉列表中选择 LZW、ZIP 或 JPEG 压缩格式，减少文件占有的磁盘空间，加快打开文件和存储文件的时间。在下拉列表中也可选取 PC 或 MAC 的格式。

4. JPEG（.JPG）格式

JPEG 是一种有损压缩格式。这种格式的图像文件一般用于图像浏览和一些超文本文档（HTML 文档）中。JPEG 压缩方法会降低图像中细节的清晰度，尤其是包含文字或矢量图的图像。用户要注意每次 JPEG 格式存储图像时都会产生不自然的效果，如波浪形图案或带块状区域。

这些不自然效果可随每次将图像重新存储到同一 JPEG 文件时而累积。因此，应当始终从原图像存储 JPEG 文件，而不要从以前存储的 JPEG 图像存储。

JPEG 格式支持 CMYK、RGB 和灰度颜色模式，不支持 Alpha 通道。存储 JPEG 文件时系统会出现一个 JPEG OPTIONS 对话框，用户可从中选择图像的品质及压缩比例，一般都是选择 "MAXIMUM" 选项来压缩图像，压缩后的图像和原图像差别不大，但文件大小会减少。

5. GIF（.gif）格式

GIF（Graphics Interchange Format，图形交换格式）文件是由 CompuServe 公司开发的图形文件格式，这种经过压缩的格式可以使图形文件在传输时提高速度。GIF 图像格式使用 LZW 压缩方式，只能存储 256 种颜色，支持图像透明和动画。

6. PNG（.png）格式

便携网络图形 PNG 格式是由 Unisys 公司针对网络用图像开发的文件格式，其设计目的是试图取代 GIF 格式及 TIFF 格式，同时增加一些 GIF 格式所不具备的特性，可以使用破坏较少的压缩方式，并可利用 Alpha 通道来实现抠除背景的效果，是功能非常强大的网络用文件格式，但需要注意的是，某些 Web 浏览器不支持 PNG 图像。

7. PDF（.pdf）格式

PDF 图像文件格式是一种灵活的、跨平台的、跨应用程序的便携文档格式，可以精确显示并保留字体、页面版式，以及矢量和位图图形，并可以包含电子文档搜索和导航功能（如超链接）。Photoshop 和 ImageReady 识别两种类型的 PDF 文件，即 Photoshop PDF 文件和通用 PDF 文件。其中 Photoshop PDF 文件是使用 Photoshop 的"存储为"命令创建的，支持 JPG 和 ZIP 压缩。通用 PDF 文件是用 Photoshop 以外的其他应用程序，如 Adobe Acrobat 和 Adobe Illustrator 创建的，可以包含多个页面和图像。

8. EPS（.eps）格式

EPS 图像文件格式是一种应用广泛的 PostScript 格式，常用于绘图或排版软件。EPS 格式是 Illustrator 和 Photoshop 之间可交换的文件格式。

（四）图像文件存储格式的选择

可以根据工作任务的需要选择合适的图像文件存储格式，下面就根据图像的不同用途简单介绍应该选择的图像文件存储格式。

用于印刷：TIFF、EPS。

用于出版物：PDF。

用于网络图像：GIF、JPEG、PNG。

用于 Photoshop 工作：PSD、BMP、TIFF。

【小结】

通过本任务的学习，了解图像像素和分辨率的基本概念，掌握 Photoshop 中常用的色彩模式，并学会在存储图像时根据不同需要选择合适的图像格式。

任务二 位图和矢量图的特点及区别

【知识要点】

【位图】 亦称点阵图像或像素图像，是由被称作像素的点组成的，是图像的重要表现形式。

【矢量图】 也称面向对象的图像或绘图图像，还可以称之为向量图，在数学上定义为一系列由线连接的点，是图形的重要表现形式。

【任务目标】

学习位图和矢量图的基本概念，了解两种不同类型图的区别和应用。

【操作步骤】

01 使用 Photoshop CS6 打开一幅图像，如图 1-9 所示，选择【缩放工具】🔍将图像局部放大后观察，放大后的图像呈现了【马赛克】和【锯齿】效果，如图 1-10 所示。

图1-9 原始 JPEG 图片

图1-10 放大后的局部图片

02 在 CorelDRAW 中打开一幅图片，如图 1-11 所示，选择【缩放工具】 🔍，将图像放大后观察，放大后与原图一样清晰，如图 1-12 所示。

图1-11　在CorelDRAW中打开矢量图像

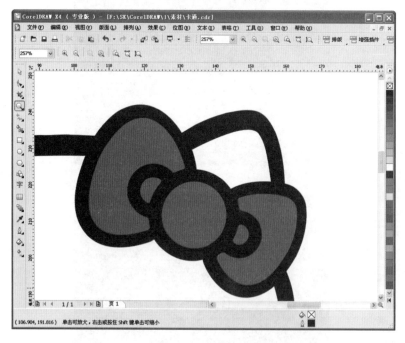

图1-12　放大后的矢量图像

【知识要点学习】

（一）位图

位图也称点阵图像或像素图，是由一个个像素点构成的。当放大位图时，可以看见构成整个图像的无数小方块。位图适合于表现色彩丰富，含有大量细节（如明暗变化、场景复杂和多种颜色等）的画面，并可直接、快速地在屏幕上显示出来。位图占用存储空间较大，一般需要进行数据压缩。位图在缩放时清晰度降低并且出现锯齿，但是如果从稍远的位置观看，位图图像的颜色和形状又是连续的。

（二）矢量图

矢量图也称向量图，是通过多个对象的组合生成的，对其中的每一个对象的记录方式，都是以数学函数来实现的，也就是说，矢量图实际上并不是像位图那样记录画面上每一点的信息，而是记录了元素形状及颜色的算法。基于矢量的绘图同分辨率无关，这意味着矢量图可以按最高分辨率显示到输出设备上，即矢量图是一种缩放不失真的图像格式。

使用矢量图形的优点是可以非常方便地对矢量图形进行移动、缩放、旋转和扭曲等变换，矢量图形主要用于需要自由缩放而不失真的插图、文字、标志、VI 等设计。但是，用矢量图形格式表示复杂图像（如人物或风景照片）时占用的存储空间较大。

【小结】

本任务主要介绍了位图和矢量图的概念和区别，不同的软件处理的图像类型也不相同，如 Photoshop 处理的是位图，CorelDRAW 和 Illustrator 处理的是矢量图。认识位图和矢量图的不同，可以帮助读者更深刻地学习 Photoshop 处理图像的一些细节。

项 目 实 训

练习要点：打开一幅 jpg 格式的图像，改变图像格式为 gif，再对分辨率进行调整、保存，观察图像的大小变化。

项 目 总 结

本项目讲解了图像的尺寸与分辨率、文件常用格式、图像色彩模式、位图与矢量图等基本概念，为今后的进一步学习打下基础。

思考与练习

一、填空题

1. 计算机图像分为两大类_____和_____。

2. 位图图像，也称栅格图像，是用小方形网络（位图或栅格）即像素来代表图像，每个像素都有一个特定的_____和_____。

3. _____是指图像中每单位打印长度显示的像素数目，通常用像素／英寸表示。

4. _____是一个有颜色的小方块，图像是由许多小方块组成，以行或列的方式排列。

5. 在 Photoshop 中，新建文件默认分辨率值为_____像素点／英寸，如果进行精美彩印图片的分辨率应不低于_____像素点／英寸。

6. 文件大小与图像的像素尺寸和分辨率成_____比。

7. 颜色模式在 Photoshop 中可以确定图像中能显示的颜色，还可以影响图像的通道数和文件大小。Photoshop 中的颜色模式主要有_____、_____、_____、_____等。

二、选择题

1. 下列选项中（　　）是 Photoshop 中的颜色模式。
   A. 转换模式　　　　B. RGB 模式　　　　C. 矢量模式　　　　D. 放大模式

2. Photoshop 生成的文件默认的文件格式扩展名为（　　）。
   A. JPG　　　　　　B. PDF　　　　　　C. PSD　　　　　　D. TIF

3. 图像的分辨率是指图像中每单位打印长度显示的（　　）。
   A. 颜色数目　　　　B. 像素数目　　　　C. 字符数目　　　　D. 颜色深度

4. 图像分辨率的单位是（　　）。
   A. dpi　　　　　　B. ppi　　　　　　C. lpi　　　　　　D. pixel

5. 以下哪种模式用于打印输出图像（　　）。
   A. 索引颜色模式　　B. 位图模式　　　　C. RGB 模式　　　　D. CMYK 模式

项目二

认识 Photoshop CS6

背景说明

　　Adobe Photoshop CS6 是美国 Adobe 公司推出的功能强大的图像处理软件，它是迄今平面制作人员使用最为广泛的设计工具，已成为许多涉及图像处理的行业所使用的标准工具软件。使用 Photoshop 可以方便地进行图像编辑、修饰、色彩调整，以及特效处理，满足广告、艺术和平面制作的需要，随着其版本的不断升级，性能更完善、更易于学习。与前几代版本比较，Photoshop CS6 功能更强大，也更具有创造性，它为用户提供了一个充分表现自我理念的图像处理与设计空间。Photoshop CS6 可以在 Windows XP、Windows 7、Windows 8、Windows 10 系统，以及 64 位以上的 Mac OS 系统下完美地工作，可以为用户提供专业的图像编辑与处理，它通过更直观的用户体验、更大的编辑自由度来大幅提高工作效率。本项目通过对 Photoshop CS6 的一些基本操作、工作界面、新功能的学习，使用户可以熟悉 Photoshop CS6 基本的文件操作、Photoshop CS6 的界面，为今后的学习奠定基础。

学习目标

知识目标：熟悉 Photoshop CS6 的操作界面，了解各组件的功能。

技能目标：了解 Photoshop CS6 的新功能。

重点与难点

重点：Photoshop CS6 的操作界面及优化界面。

难点：Photoshop CS6 的新功能。

更 多 惊 喜

任务一　熟悉 Photoshop CS6 的操作界面

【知识要点】

【Photoshop CS6 菜单】　包含了对图像操作的各项命令。

【Photoshop CS6 工具箱】　包含了对图像进行操作的各种工具。

【Photoshop CS6 面板】　显示、记录操作过程、设置参数、编辑图像的各种面板。

【Photoshop CS6 工作环境的优化】　设置 Photoshop 环境参数，使用户操作软件时能适应使用习惯，更方便地操作 Photoshop。

【任务目标】

熟悉 Photoshop　CS6 的操作界面、文件的基本操作、面板的基本属性、环境的优化和其他一些常用功能。

【操作步骤】

01　启动 Photoshop　CS6，执行【文件】/【新建】命令，打开【新建】对话框，如图 2-1 所示，选择默认设置，单击【确定】按钮，这样就新建了一个空白文件。

02　执行【文件】/【打开】命令或按【Ctrl+O】组合键，打开【打开】对话框，如图 2-2 所示，选择一幅图像，单击【打开】按钮，如图 2-3 所示。

图2-1　【新建】对话框

图2-2　【打开】对话框

03　右击工具箱中的【选框工具】，使【选框工具】展开，如图 2-4 所示，选择【椭圆选框工具】，在打开的图像上单击并拖动建立一个椭圆选区，如图 2-5 所示。

图2-3 打开图像

图2-4 选择椭圆选框工具

04 执行【编辑】／【拷贝】命令，将图像窗口切换到新建的空白文件上执行【编辑】／【粘贴】命令，如图 2-6 所示。

图2-5 建立椭圆选区

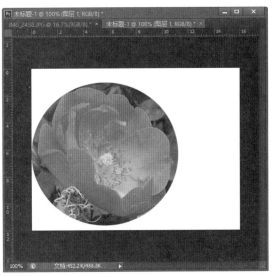

图2-6 粘贴图像

05 执行【文件】／【存储为】命令，打开【存储为】对话框，选择 JPG 格式进行存储。

【知识要点学习】

（一）标题栏、菜单栏

Photoshop CS6 标题栏集合了菜单栏，显示了图标、菜单和右边 3 个按钮，从左到右分别为最小化、最大化和关闭按钮。

Photoshop CS6菜单栏中的菜单命令包括了Photoshop大部分操作命令，与使用其他Windows应用软件的菜单命令一样，直接单击菜单栏，例如单击【图像】菜单，在打开的菜单中选择菜单命令即可，如图2-7所示。

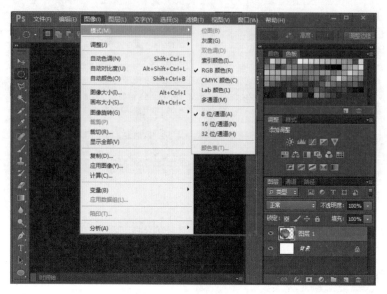

图2-7 【图像】菜单

（二）图像窗口

图像窗口用于显示已经打开的或创建的图像，可以在该窗口对图像进行编辑和处理，窗口的标题栏上从左到右分别显示的是控制窗口、图像文件名、图像格式、窗口显示比例、颜色模式、通道位数，如图2-8所示。

图2-8 图像窗口

（三）工具箱

工具箱中包含了用于创建和编辑图像的40多种工具，如图2-9所示。若要使用工具，可以单击工具图标或按键盘快捷键。如果图标的右下角带有一个小三角形，则在该图标上按住鼠标稍作停留或右击，就可以看到隐藏的工具。将鼠标移到所需工具图标上单击，就可以选择该工具。当选择工具后，图像上的光标将变为像工具一样的形状。有效利用工具箱是提高Photoshop CS6操作效率的捷径。

在工具箱的底部有切换屏幕模式按钮，单击该按钮可在【标准屏幕模式】、【带有菜单栏的全屏模式】、【全屏模式】之间切换。

（四）面板

面板可帮助用户监视和修改图像。Photoshop CS6的面板相对于过去的版本进行了较大的改进，加入了"调整"等项。默认情况下，面板以组的方式堆叠在一起。Photoshop CS6启动后默认的主要面板如图2-10和图2-11所示，若要打开其他隐藏的面板，可以打开窗口菜单选择需要的面板选项来显示。

打开面板有以下两种方法：

（1）在打开的面板组中，单击所选面板的标签。

（2）选择窗口菜单栏下的显示或隐藏某面板项。

图2-10　Photoshop CS6面板

图2-9　Photoshop CS6工具箱

图2-11　图层面板

（五）工具选项栏

工具选项栏会根据用户选择的工具而变化，通常每种工具的参数都各不相同，要查看工具的参数，用户可以单击工具，在工具选项栏处即会显示相关的参数信息，图2-12所示的是选择【画笔】工具后显示的工具选项栏。

图2-12　工具选项栏

（六）状态栏

状态栏主要用于显示当前打开图像的各种信息，或在选中工具后提示用户的相关操作信息，如图2-13所示。

16.67% 文档:34.9M/34.9M

图2-13　状态栏相关信息

（七）标尺

使用Photoshop提供的标尺功能，用户可以方便地观察到图像的坐标，以确定图像的选取位置、大小等。单击【视图】/【标尺】命令，或按【Ctrl+R】组合键即可显示或隐藏标尺，如图2-14所示。在图像操作过程中，水平标尺和垂直标尺都会有一条虚线随着鼠标的移动而移动。

图2-14　显示【标尺】

（八）参考线

将鼠标对准水平或垂直标尺的内边缘，鼠标变成 ╪ 形状时，拖动鼠标到工作区内便可拖出一条参考线。单击【视图】/【显示】/【参考线】命令，或按【Ctrl+;】组合键可显示或隐藏参考线。

（九）首选项

（1）单击【编辑】/【首选项】/【常规】命令，弹出如图2-15所示对话框。

①【拾色器】：在此下拉列表中可以选择不同的【拾色器】类型，其中包括Windows和Adobe两种，这两种【拾色器】的基本功能相同。

图2-15 【常规】选项卡

②【图像插值】：在 Photoshop 中改变图像大小或角度时，Photoshop 将对需要改变的像素进行插值运算，从而确定新像素产生的方式。在 Photoshop 中可以采用 3 种插值运算方法计算新像素产生的方法，在此下拉列表框中有 3 个选项：邻近（较快）、两次线性、两次立方（较好），选择不同选项能够得到不同的插值运算效果，其中选择两次立方可以得到最好的效果。

③【使用 Shift 键切换工具】：在选中此复选框的情况下，按【Shift】键可以在一个工具组中来回切换不同的工具。

④【复位所有警告对话框】：单击此按钮，会弹出对话框，提示用户重新设置启用所有警告对话框。

(2) 单击【编辑】／【首选项】／【文件处理】命令，弹出如图 2-16 所示对话框，可设置文件存储时的扩展名、自动存储恢复信息时间间隔、文件兼容性等。

图2-16 【文件处理】选项卡

①【图像预览】：此下拉列表框中的参数用于设置使用Photoshop编辑并保存的图像时是否保存其微缩预览图像。在Photoshop中保存文件时，通常都会保存该图像的微缩预览图像，再次打开此图像时，将在【打开】对话框下方显示该图像的微缩预览图像。

通过选择【图像预览】下拉列表中的选项，可以确定保存的图像是否有微缩预览图，其中：

a．选择【总不存储】选项，存储文件时不带预览图像。

b．选择【总是存储】选项，存储文件时带预览图像。

c．选择【存储时提问】选项，在保存文件时将有提示框出现。

②【文件扩展名】：在此下拉列表中可以选择不同选项以确定保存文件时文件扩展名的大小写，选择【使用大写】选项，文件扩展名用大写字符；选择【使用小写】选项，文件扩展名用小写字符。

③ 选中【存储至原始文件夹】、【后台存储】复选框可对文件进行自动保存，在【自动存储恢复信息时间间隔】中可设置自动保存的时间间隔。

④【文件兼容性】：选择【最大兼容PSD和PSB文件】选项，将最大可能地与Photoshop早期版本和其他应用程序的文件兼容，其中包括为不支持Photoshop图层的应用程序存储合并数据和为不支持矢量数据的应用程序存储每个图层的栅格化版本。

⑤【近期文件列表包含】：此参数用于设置在【文件】/【最近打开文件】子菜单中列出的文件数量。

(3) 单击【编辑】/【首选项】/【光标】命令，弹出如图2-17所示对话框。

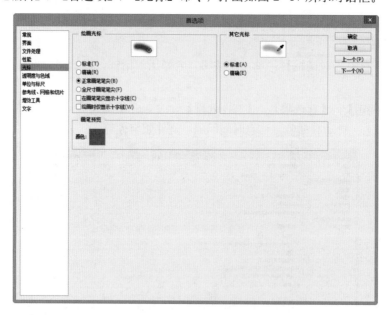

图2-17 【光标】选项卡

在使用各种绘图工具绘图时，Photoshop将光标改变为与工具图标形状相似的形态。但在绘图时这些形象化的光标有时让操作者无法了解当前使用笔刷的大小，或者让操作者无法精确定位光标，因此，每一个设计者都应该掌握设置改变光标显示属性的方法。在此选择【标准】选项以显示光标，选择【精确】选项显示能够精确定位的十字光标。

（4）单击【编辑】/【首选项】/【界面】命令，弹出如图2-18所示对话框。在此对话框中可以对 Photoshop CS6 界面的外观、屏幕模式、面板显示或隐藏、界面的语言和字体等进行设置。

图2-18　【界面】选项卡

（5）在【首选项】对话框中选择【单位与标尺】命令，【首选项】对话框如图2-19所示。在此对话框中可以对 Photoshop CS6 中标尺的单位、文字的单位、装订线、新文档预设分辨率等进行设置。

图2-19　【单位与标尺】选项卡

（6）在【首选项】对话框中选择【参考线、网格和切片】命令，【首选项】对话框如图 2-20 所示。在此对话框中可以对 Photoshop CS6 中的参考线、网格、切片的颜色、样式，以及网格线间隔等进行设置。

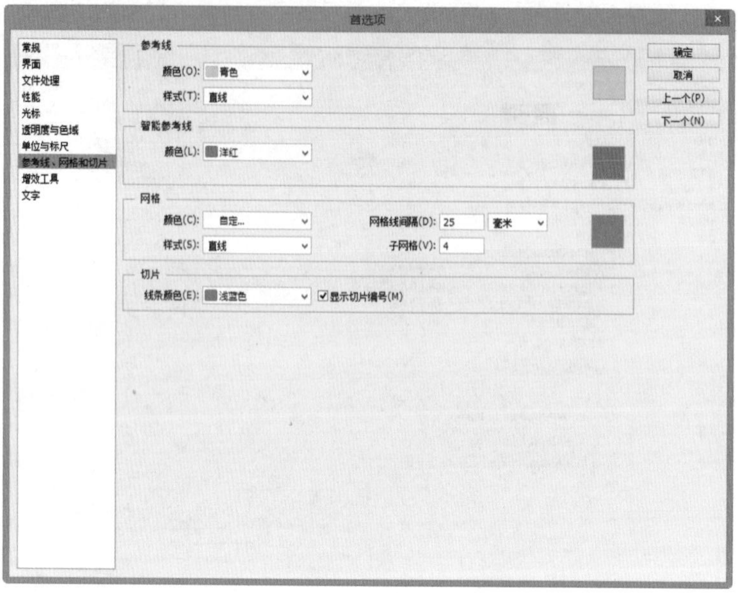

图2-20 【参考线、网格和切片】选项卡

【小结】

通过本任务的学习，熟悉 Photoshop CS6 的操作界面，掌握文件的基本操作，环境的优化和其他的一些常用功能。

任务二　认识 Photoshop CS6 的新功能

【知识要点】

【透视裁剪功能】 可以纠正由于相机或者摄影机角度问题造成的透视。

【形状工具填充、描边功能】 利用形状工具的填充、描边功能可以给形状内部填充颜色、渐变、图案，以及为形状描边。

【内容感知移动工具】 可以将图像场景中的某个物体移动到图像中的任何位置，经过 Photoshop CS6 的计算，完成极其真实的合成效果。

【任务目标】

了解 Photoshop CS6 的新功能，能够应用这些新功能对图像进行简单处理。

【操作步骤】

01 单击【文件】/【打开】命令，打开一张图片，如图 2-21 所示。

图2-21 原始图片

02 选择工具箱中的【透视裁剪工具】，如图 2-22 所示，在打开的图像中按下鼠标左键并拖出一个矩形裁剪框，如图 2-23 所示。

图2-22 【透视裁剪工具】

图2-23 透视裁剪框

03 调整裁剪框上边线的左右两个控制点，使裁剪框的左边线与建筑物的左边线平行，裁剪框的右边线与建筑物的右边线平行，如图 2-24 所示。

图2-24　调整透视裁剪框

04 调整后按【Enter】键即可完成对图像的透视裁剪，裁剪后的图像如图 2-25 所示。

图2-25　裁剪效果图

【知识要点学习】

（一）Photoshop CS6 新增基本功能

1. 颜色主题

用户可以自行选择界面的颜色主题，暗灰色的主题使界面更显专业。单击【编辑】/【首选项】/【界面】命令，可在相应的对话框中进行设置。

2. 新增菜单

旧版中的【分析】菜单变为【图像】菜单中的一个命令，取而代之的是【文字】菜单，如图 2-26 所示。可见 Photoshop CS6 对印刷设计的重视。

3. 上下文提示

在绘制、调整选区或路径等矢量对象，以及调整画笔的大小、硬度、不透明度时，将显示相应的提示信息，如图 2-27 所示。

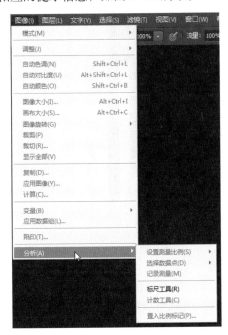

图2-26　【分析】命令

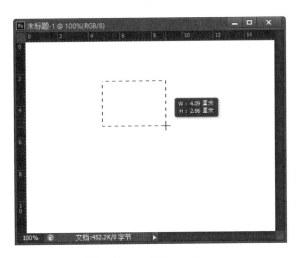

图2-27　绘制矩形选框

（二）后台存储和自动恢复

相比较 Adobe Photoshop CS5，Photoshop CS6 更加智能、更加人性化，后台存储功能和自动恢复就是最好的表现。

Photoshop CS6 改善性能以协助提高用户的工作效率——即使在后台存储大型的 Photoshop 文件，也能同时让用户继续工作，自动恢复选项可在后台工作，因此，可以在不影响用户操作的同时存储编辑内容，每隔 10 min 存储用户工作内容，以便在意外关机时可以自动恢复用户的文件。可在【首选项】中设置自动存储的参数。

（三）裁剪工具

Photoshop CS6中可以以某种特定的比例来改变画布大小的方式来裁剪图像。选择【裁剪工具】后，首先按所需比例拖动出裁剪框，移动或旋转时只有背景图片在动，选框会一直保持在中心位置不变，这样更加方便在正常视觉下查看旋转或移动后的效果，裁剪的精度更高。同时裁剪工具还有一项拉直的功能，只需把主体作为参考，用这个工具沿着主体方向拉一条直线，系统就会把直线转为垂直方位，这样校正图片就更加方便。

【裁剪工具】中还将【透视裁剪工具】分离成一个独立的工具。原来设置图像大小的相关控件基本被完整地移植到了新增的【透视裁切工具】中，【裁剪工具】是以改变画布大小的方式裁剪图像，而【透视裁切工具】则是以改变图像大小的方式裁剪图像。

（四）形状工具选项栏中的【填充】【描边】功能

形状工具画出的是矢量图形，利用【填充】可以给形状内部填充颜色、渐变或图案，【描边】可以给形状的边缘设置颜色、渐变及图案，并且【描边】可以使用直线或虚线（Photoshop也能画虚线），如图2-28所示。这些可以极大地方便用户用矢量图来做出漂亮的图形。

图2-28　形状工具虚线描边

（五）内容感知移动工具

（1）修复工具组里新增了【内容感知移动工具】，此工具的主要作用如下。

① 感知移动功能：这个功能主要用来移动图片中主体，并随意放置到合适的位置。移动后的空隙位置会智能修复。

② 快速复制：选取想要复制的部分，移到其他需要的位置就可以实现复制，复制后的边缘会自动柔化处理，跟周围环境融合。

（2）内容感知移动工具的操作步骤如下。

① 在工具箱的修复画笔工具栏选择【内容感知移动工具】，如图2-29所示。

② 按住鼠标左键并拖动就可以画出选区，与【套索工具】操作方法一样，如图2-30所示。

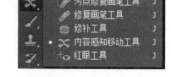

图2-29　【内容感知移动工具】

③ 将光标移到选区内部，按下鼠标左键拖动，将选区内的图像移到想要放置的位置后松开鼠标，系统就会智能修复。选择此工具后，属性栏的模式就有两个选择：【移动】、【扩展】。

选择【移动】就会实现【移动】的功能。选择【扩展】就会实现【复制】的功能。【适应】选项中的【非常严格】融合效果不好，【非常松散】融合效果更好，效果如图 2-31 所示，选区中的内容被移动到新的位置，原来的内容与背景融合。

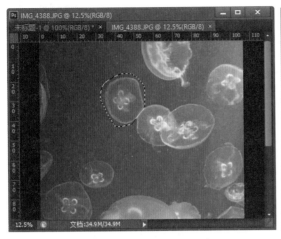 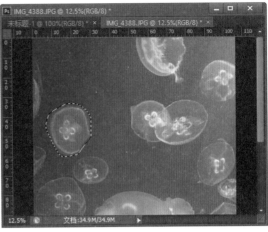

图2-30　画出选区　　　　　　　图2-31　使用【内容感知工具移动】后的效果

（六）图层分类及查找

（1）Photoshop CS6【图层】面板与之前版本最大的不同就是图层混合模式栏上面多了一个图层分类栏，如图 2-32 所示。单击【类型】右侧的微调按钮，弹出一个下拉菜单，分别有类型、名称、效果、模式、属性、颜色 6 个选项可供选择。

【类型】分为像素、调整图层、文字、矢量、智能对象 5 类，可以选择其中一个或多个进行筛选。

【名称】：直接在表单输入名称查询。

【效果】：按照图层所添加的图层样式分类。

【模式】：按照图层混合模式分类。

【属性】：按照可见、锁定、空、链接的、已剪切、图层蒙版、矢量蒙版、图层效果、高级混合分类。

图2-32　【图层】面板

【颜色】：按照图层标识的颜色分类。

图层分类及查询功能极大地方便了管理多图层的文件，尤其在制作较为复杂的效果时，可以快速找到所需图层，并对图层进行更改及编辑。

（2）图层面板中各种类型的图层缩略图有了较大改变。形状图层的缩略图变化最大，而且矩形、圆角矩形、椭圆、多边形的名称也直接使用具体的名称，只有直线工具及自定义形状工具仍然使用传统的【形状 1】等命名，如图 2-33 所示。

图2-33　【图层】的类型

（七）滤镜

（1）增加了【自适应广角】滤镜、【油画】滤镜，以及3个模糊滤镜——【场景模糊】、【光圈模糊】、【倾斜偏移】，如图2-34所示。

（2）改进的滤镜包括【液化】滤镜、【镜头校正】滤镜，以及【光照效果】滤镜。

液化滤镜删除了【镜像工具】、【湍流工具】及【重建模式】，同时设置了【高级模式】复选项，即将【液化】分解为【精简】和【高级】两种模式。

【光照效果】被改造为全新的【灯光效果】滤镜，该滤镜使用全新的 Adobe Mercury 图形引擎进行渲染，因此，对 GPU 的要求很高。

图2-34 【滤镜】菜单

（八）全新的 Blur Gallery

Photoshop CS6 中，在【模糊】滤镜组中新增加了【场景模糊】(Field Blur)、【光圈模糊】(Iris Blur)和【倾斜偏移】(Tilf-Shift) 3 种全新的模糊方式使得摄影师在后期处理照片时，特别是添加景深效果时更加便利。

1. 场景模糊

这款滤镜可以对图片进行焦距调整，这与拍摄照片的原理一样，选择好相应的主体后，主体之前及之后的物体就会相应的模糊。选择的镜头不同，模糊的方法也略有差别。不过场景模糊可以对一幅图片全局或多个局部进行模糊处理。

2. 光圈模糊

顾名思义，光圈模糊就是用类似相机的镜头来对焦，焦点周围的图像会相应地模糊。在【场景模糊】面板中也有【光圈模糊】，可以同时使用。而后者也有【模糊效果】选项，具体参数和【场景模糊】中的一样。

3. 倾斜偏移

倾斜偏移用来模仿微距图片拍摄的效果，比较适合俯拍或者镜头有点倾斜的图片使用。其中，移轴效果照片一直是摄影师们非常钟爱的一种形式，移轴效果可以将景物变成非常有趣的模型方式。在【场景模糊】面板中也有【倾斜偏移】，可以同时使用。而后者也有【模糊效果】选项，具体参数和【场景模糊】中的一样。

（九）视频创建

Photoshop CS6 视频处理功能使视频处理变得简单。用户可以通过将需要处理的视频导入到 Photoshop 工作区编辑，然后在时间线上添加素材，单击时间线前面的胶片图标按钮，然后在弹出的下拉列表中选择【Add Media】添加媒体文件素材选项，在此用户可以添加图片、视频、音频等素材。

Photoshop CS6还可以通过设置关键帧的形式来设置素材的动画效果，关键帧的设置也是和Premiere非常相似的，用户可以通过设置素材的位置、透明度、风格来得到丰富多彩的动画效果。

【小结】

本任务主要介绍Photoshop CS6的部分新功能，特别是形状工具的虚线描边，图层面板的整理等非常实用。另外，Photoshop CS6还增加了视频编辑功能，使视频处理变得简单。

项 目 实 训

启动Photoshop CS6，打开任意一幅图像，弹出【首选项】面板，对【常规】、【界面】、【性能】、【单位与标尺】、【参考线与网格】等选项卡进行设置和练习。

项 目 总 结

本项目介绍了Photoshop CS6的基本操作，如打开文件、保存文件；介绍了Photoshop CS6的界面及各组件的作用；介绍了Photoshop CS6的一些新增功能，为今后进一步学习打下了基础。

思考与练习

一、填空题

1. Photoshop是美国_____公司推出的图像设计与制作工具，它集图像创作、扫描、修改合成以高品质分色输出等功能于一体。

2. Photoshop的应用程序窗口主要由标题栏、_____、_____、_____、_____、_____和_____组成。

3. Photoshop支持多种文件格式的操作，还可以实现不同文件格式之间的_____。

4. Photoshop有3种不同显示模式，它们是_____、_____和_____。

5. 调出标尺的快捷键是_____，调出参考线的快捷键是_____。

二、简答题

1. 在Photoshop CS6中新增了哪些功能（至少列出3项）。

2. 简述Photoshop CS6的"首选项"中有哪些常用设置。

项目三

选区的创建和设计

 背景说明

在 Photoshop CS6 处理图像中，常常会需要用到特定区域，就是常说的"抠图"，即把图像中的某一部分从原图像中分离的过程，灵活掌握并使用 Photoshop CS6 选区工具和命令来抠图，是 Photoshop CS6 学习的一道难关。为了满足各种应用的需要，Photoshop CS6 提供了 3 种主要的选区工具组：选框工具、套索工具、魔棒工具。本项目通过 3 个任务的学习，使读者掌握常用选区工具组及菜单中各项命令的使用。

学习目标

知识目标：学习选框工具、套索工具、魔棒工具、裁剪工具，以及菜单中各项命令的使用。

技能目标：能利用常用选区工具及菜单进行图像处理。

重点与难点

重点：选框工具、套索工具及常用菜单命令。

难点：灵活掌握和运用选区工具及菜单制作图像。

更多惊喜

任务一 设计立体模型之小房子

【知识要点】

【矩形选框工具】 用于创建规则的矩形选区。

【椭圆选框工具】 用于创建规则的椭圆或正圆选区。

【单行选框工具】 可以对图像在水平方向选择一行像素。

【单列选框工具】 可以对图像在垂直方向选择一列像素。

【选择】/【修改】命令：可以在现有选区的基础上，修改选区。

【选择】/【选区相似】命令：可以增加选区，将图像中不连续的，但是色彩相似的像素点一起扩充到选区内。

【任务目标】

掌握规则选区工具【矩形选框工具】、【椭圆选框工具】、【单行选框工具】、【单列选框工具】，并会使用【选择】菜单的命令。

【操作步骤】

01 单击【文件】/【新建】命令，打开【新建】对话框，创建一个 1 440*900 像素、背景色为白色的空白文件，具体设置如图 3-1 所示。

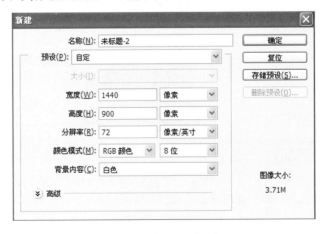

图3-1 【新建】对话框

02 为背景填充绿色渐变色。选择工具箱中的【渐变工具】，在工具栏上单击【渐变工具】的下拉列表框，可弹出【渐变编辑器】对话框，如图 3-2 所示，在空白文件窗口，从下往上拖动鼠标进行填充，填充效果如图 3-3 所示。

图3-2 【渐变编辑器】对话框　　　　　　　　图3-3　填充效果

03 单击【图层】控制面板右下角的【创建新图层】按钮，创建一个新的【图层】，如图3-4所示。

04 选择工具箱中的【矩形选框工具】，拖动鼠标的同时按住【Shift】键，绘制正方形选区。选择工具箱中的【渐变填充工具】，为正方形选区填充现行渐变（左边：R=120,G=71,B=0；右边白色R、G、B均为255），如图3-5所示，填充完毕后，按【Ctrl+D】组合键退出。

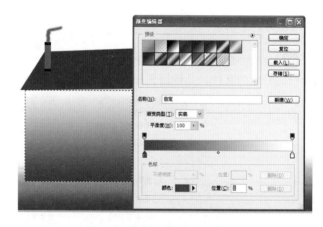

图3-4　创建新的【图层】　　　　　　　　图3-5　绘制正方形选区并填充

05 仍然在该图层中，再用【多边形套索工具】绘制斜角四边形选区，并填充现行渐变，颜色自定，如图3-6所示，填充完毕后按【Ctrl+D】组合键退出选区。

06 仍然在该图层中，再用【多边形套索工具】，分别绘制其他四边形和三角形选区，并填充自己喜欢的颜色，填充完毕后按【Ctrl+D】组合键退出选区。立方体的合成效果如图3-7所示。

07 单击图层控制面板右下角的【创建新图层】按钮，创建一个名为【图层2】的新图层。选择工具箱中的【椭圆选框工具】，将工具栏中的羽化值设置为5px，然后拖动鼠标的同时按住【Shift】键，绘制出正圆形选区，将前景色调整为红色，并用前景色填充得到红太阳。随后还是用【椭圆选框工具】和【套索工具】，分别绘制云朵形状，并使用线性渐变填充云朵，太阳和云朵设计效果如图 3-8 所示。

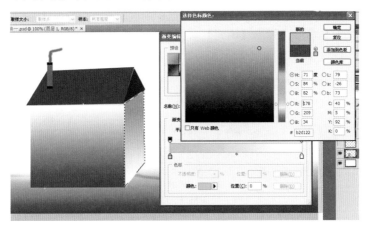

图3-6　绘制斜角四方形选区并填充

图3-7　立方体的合成效果

图3-8　太阳和云朵设计效果图

08 单击图层控制面板右下角的【创建新图层】按钮 **⬚**，创建一个名为【图层3】的新图层。选择工具箱中的【矩形选框工具】 **⬚**，然后拖动鼠标的同时按住【Shift】键，绘制出矩形选区。单击【编辑】/【填充】命令，弹出【填充】对话框，在【内容】选项区域中的【使用】下拉列表框选择【图案】填充，如图3-9所示。

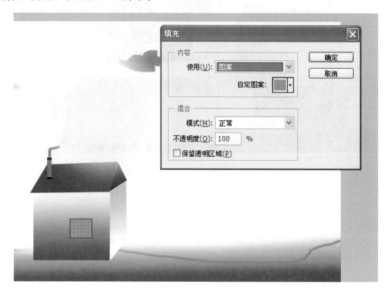

图3-9　选择【图案】填充

09 选择工具箱中的【单行选框工具】 **⬚**，在背景土层的草地上，选择【单行】，并复制粘贴，制作房顶的横线效果，然后按住【Ctrl】键，选择所有单行横线的图层，单击【图层】/【合并图层】命令，将选中的图层合并为一个图层。如图3-10所示。

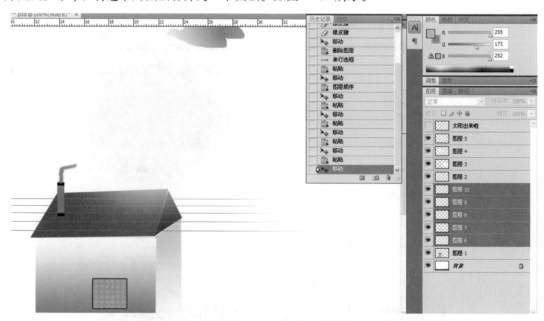

图3-10　使用单行选框工具制作房顶横线效果

⑩　合并图层后，用【橡皮擦工具】 ▪ ✐ 橡皮擦工具　　Ｅ 擦去多余部分，使用【Ctrl++】组合键，放大局部处理干净，效果如图 3-11 所示。

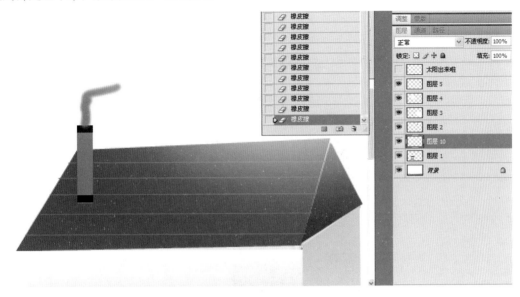

图3-11　擦去多余线条后的效果

⑪　选择工具箱中的【单列选框工具】 ⠇ ，在房子图层的正面墙上，选择【单列】，并复制粘贴，制作房顶的斜线效果，然后按住【Ctrl】键，选择所有单列线的图层，单击【图层】/【合并图层】命令，将选中的图层合并为一个图层。如图 3-12 所示。

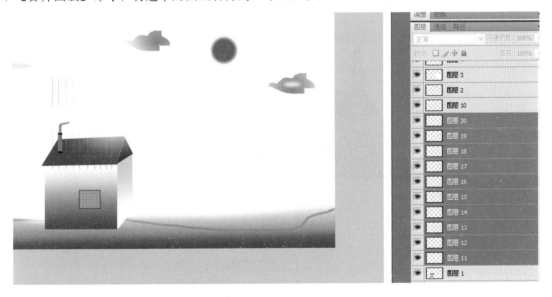

图3-12　使用单行选框工具制作房顶斜线效果

⑫　合并图层后，使用【Ctrl+T】组合键将图层旋转和缩放到如图 3-13 所示的方向和大小。

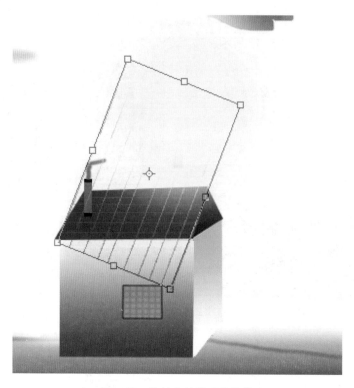

图3-13　旋转和缩放后的效果

13　再用【橡皮擦工具】 ■ 橡皮擦工具　E 擦去多余部分，使用【Ctrl++】组合键，放大局部处理干净，效果如图 3-14 所示。

图3-14　擦去多余线条后的效果

⑭ 单击左边工具栏中的【文字工具】按钮 T，然后在图中加上文字，并为其填充合适的颜色，完成立体房子的制作，最终效果如图 3–15 所示。

图3–15 任务一的最终效果图

【知识要点学习】

（一）矩形选框工具

简单且常用的选区工具，用于制作矩形选区。选择该工具在图像中拖动，即可得到矩形选区。在工具箱选择【矩形选框工具】□ 后，工具选项栏上将显示【矩形选框工具】的选项，如图 3–16 所示。

图3–16 【矩形选框工具】选项栏

（1）对于【矩形选框工具】□，同样有 4 种选区和羽化的设置，使用方法和效果与前面所讲一样。

（2）【样式】包括正常、固定比例和固定大小 3 个选项。

① 选择【正常】选项，可以制作任意大小的矩形选区。

② 选择【固定比例】选项，可以设置宽度与高度的比例，分别设置宽度与高度的比例为 1∶1 和 1∶2，绘制矩形选区效果如图 3–17 所示。

③ 选择【固定大小】选项，可以输入具体的值精确地设置选区的大小，以像素为单位。设置宽度和高度都为 64 像素，效果如图 3–18 所示。

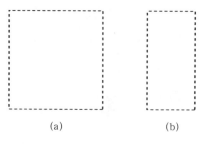

(a)　　　　　　(b)

图3-17　固定比例选项效果　　　　图3-18　固定大小选项效果

（二）椭圆选框工具

常用的规则选框工具，选择该工具，在图像中拖动就可以得到圆形的选区。在工具箱中选择【椭圆选框工具】，在工具选项栏上将显示【椭圆选框工具】的选项，工具栏上的各个选项设置与【矩形选框工具栏】类似，使用方法也一样，如图 3-19 所示。

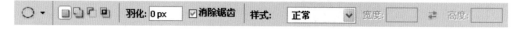

图3-19　【椭圆选框工具】选项栏

（三）单行选框工具

可以对图像在水平方向选择一行像素。在工具箱中选择【单行选框工具】，在工具栏上将显示【单行选框工具】的选项，各选项如图 3-20 所示。

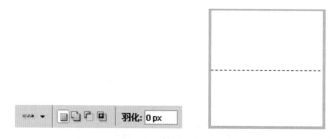

图3-20　【单行选框工具】选项栏

（四）单列选框工具

可以对图像在垂直方向选择一列像素。在工具箱中选择【单行选框工具】，在工具选项栏上将显示【单行选框工具】的选项，各选项如图 3-21 所示。

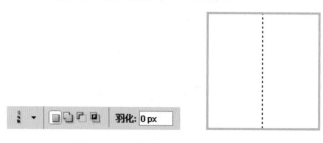

图3-21　【单列选框工具】选项栏

（五）修改命令

用于对所选区域进行加边界、平滑、扩展或收缩处理；【羽化】命令使所选区域边缘模糊化，设置和效果与前面所讲一样，这里不再重复。【修改】选项的级联菜单如图 3-22 所示。

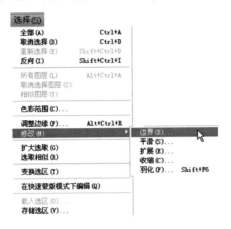

图3-22 【修改】选项的级联菜单

（1）【边界】：创建好选区以后，执行【选择】/【修改】/【边界】命令，弹出【边界选区】对话框，设置【宽度】为 20，此时的选区变为带边界状态，如图 3-23 所示。

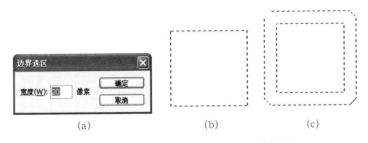

图3-23 设置边界【宽度】为 20 的效果

（2）【平滑】：选区创建完成后，执行【选择】/【修改】/【平滑】命令，弹出【平滑选区】对话框，设置【取样半径】为 20，此时的选区边缘变为平滑状态，数值越大，选择区域越平滑，如图 3-24 所示。

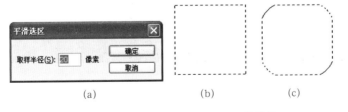

图3-24 设置【取样半径】为 20 的效果

（3）【扩展】：选区创建完成后，执行【选择】/【修改】/【扩展】命令，弹出【扩展选区】对话框，设置【扩展量】为 20，此时会扩展选区范围，数值越大，选择区域被扩展的程度越大，如图 3-25 所示。

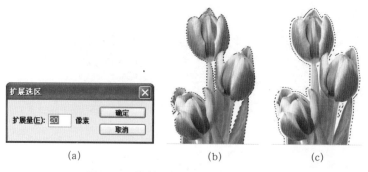

图3-25　设置【扩展量】为20的效果

（4）【收缩】：选区创建完成后，执行【选择】/【修改】/【收缩】命令，弹出【收缩选区】对话框，设置【收缩量】为20，此时的会收缩选区，注意缩小的值太大时，选区会发生一定的变形，如图 3-26 所示。

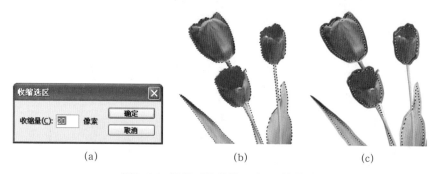

图3-26　设置【收缩量】为20的效果

（六）选取相似命令

可以在已创建选区的基础上增加选区，执行【选择】/【选取相似】命令，将色彩相似，不连续的像素点一起扩充到选区范围，效果如图 3-27 所示。

图3-27　选择【选取相似】的效果

【小结】

在 Photoshop CS6 中，提供了规则选区工具，操作方法简单，可以很方便地创建规则选区。在实际运用中，可以结合【选择】菜单的相关命令选取图像所需部分或完成新创作。

任务二 设计服装之 T 恤

【知识要点】

【套索工具】♀：自由画出选择范围，用于创建不规则的选区。

【多边形套索工具】♭：用于创建多边形选区，锚点之间为直线。

【磁性套索工具】♭：具有可以识别边缘的套索工具。

【裁剪工具】♯：用于裁剪不需要的部分。

【选择】/【变换选区】命令：可以对选区进行缩放、扭曲、旋转、变形等各种操作，并能调整选区的位置。

【选择】/【调整边缘】命令：集多个选区修改命令于一体，对选区进行编辑和调整。

【选择】/【扩大选取】命令：用于增加选区，将图像中连续的，但是色彩相似的像素点一起扩充到选区内。

【任务目标】

学习使用套索工具组、裁剪工具，并使用菜单命令对图像进行调整。

【操作步骤】

01 单击【文件】/【打开】命令，打开素材图片 1、2、3，如图 3-28、图 3-29、图 3-30 所示。

图3-28 素材图片1

图3-29 素材图片2

02 处理素材图 2，将 T 恤上原来的红色图案去掉。选择【矩形选框工具】□，在黑色 T 恤上选取一个与红色图案底色相近的黑色区域，按住【Ctrl+Alt】组合键不放，拖动选区到红色花纹处，单击【选择】/【变换选区】命令，调整选区大小，可覆盖原来的红色图案，如图 3-31 所示。单击【文件】/【另存为】命令，保存处理后的素材。

03 处理素材图 1，选择【磁性套索工具】♭，在工具栏中选中【添加到选区】按钮□，拖动鼠标选取图中的水果和卡通娃娃的图案，如图 3-32 所示。

图3-30　素材图片3

图3-31　处理后的T恤

04　选择【移动工具】 ，将选区拖动到处理后的黑色 T 恤中间，拖动图像控点，调整图像大小，并调整图案在黑色 T 恤的位置，以便使图案和 T 恤更加贴切，如图 3-33 所示。

图3-32　添加选区后的效果

图3-33　图像合成的效果

05　单击【图层】控制面板中右上角的下拉按钮 ，打开快捷菜单，选择【向下合并】命令，合并图层，如图 3-34 所示。

(a)

(b)

(c)

图3-34　合并图层

06　单击【文件菜单】/【保存】命令，将做好的内容保存起来,注意保存的文件扩展名为 .PSD。

07　制作另外一件 T 恤。双击 Photoshop CS6 的工作区，打开处理后的黑色 T 恤素材，选择【椭圆选框工具】 ，在工具栏上设置【羽化】值为 40 羽化: 40 px ，在素材图 3 中拖动鼠标，选取中间的图案，单击【选择】／【变换选区】命令，调整选区虚线框的大小和位置，如图 3-35 所示。

08 单击【移动工具】按钮，拖动选区到黑色 T 恤中间，拖动图像控点，调整图像到合适大小，并调整好图像在 T 恤中的位置，使图案和 T 恤融为一体。

09 重复步骤 05、06。

10 单击【文件】／【打开】命令，打开背景素材，同时打开处理后的两件黑色 T 恤的素材。选择【移动工具】，将两张黑色 T 恤图像拖动到背景素材中，拖动图像控点，对图像进行旋转、缩小并调整在背景中的位置，最后效果如图 3-36 所示。

图3-35 设置羽化的选区效果

图3-36 任务二的最终效果图

【知识要点学习】

（一）套索工具

用于选取各种不规则的区域。在【工具箱】选择【套索工具】后，在【工具选项栏】上将显示相应的设置选项，如果是选择【套索工具】按钮和【多边形套索工具】按钮，出现的选项设置如图 3-37 所示。

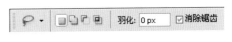
图3-37 【套索工具】选项栏

【套索工具】 按住鼠标左键不放拖动鼠标，在区域合拢时，出现小圆圈的标志可以徒手创建各种不同的不规则选区，像在现实中使用的笔一样灵活，可以随心所欲地创建所需要的各种形状的选区。如果选取的曲线终点与起点未重合，Photoshop CS6 会自动封闭选区，如图 3-38 所示。

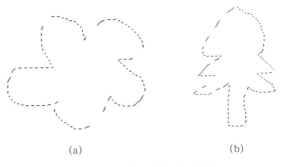
(a)   (b)
图3-38 【套索工具】绘制效果

（二）多边形套索工具

单击会创建一个锚点，拖动鼠标绘制多边形选区，在选区快封闭时，【多边形套索工具】光标旁边会出现一个小圆圈，立即单击可封闭选区，如图3-39所示。

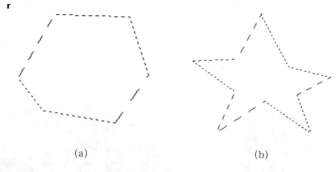

(a)   (b)

图3-39　【多边形套索工具】绘制效果

（三）磁性套索工具

一种具有可识别边缘的套索工具。适合颜色和背景颜色反差较大的图像。选中【磁性套索工具】，任务栏也就相应地显示为【磁性套索工具】的选项，如图3-40（a）所示。与以上套索工具不同的是，多了宽度、对比度和频率。宽度用于设置磁性套索工具在选取时连接点的距离，取值范围1～256。对比度选项中可填入1～100的百分比值，它可以设置磁性套索工具检测边缘图像的灵敏度。如果要选取的图像与周围的图像之间的颜色差异比较明显（对比度较强），就应设置一个较高的百分数值。反之，对于图像较为模糊的边缘，应输入一个较低的边缘对比度百分数值。频率是用来制定套索连接点的连接频率。鼠标移到图像上单击选取起点，然后沿图形边缘移动鼠标，无须按住鼠标，回到起点时会在鼠标的右下角出现一个小圆圈，表示区域已封闭，此时单击即可完成此操作，如图3-40（b）所示。

(a)   (b)

图3-40　【磁性套索工具】选项栏及其绘制效果

【磁性套索工具】工具栏的各项设置中，选区的增减和改变通常会用到4个按钮，分别是【新选区】按钮、【添加到选区】按钮、【从选区减去】按钮和【与选区交叉】按钮。

【羽化】用于柔化选区的边缘，使图片边缘模糊而与其他图像能够更好地融合为一体。羽化的取值范围为 0～250。值越大，柔化效果越明显。设置羽化值为 40，在选区中填充颜色，效果如图 3-41 所示。

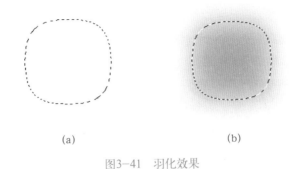

(a)　　　　　　　　　　　　(b)

图3-41　羽化效果

（四）裁剪工具

用来裁剪图像中不需要的部分。选择该工具后，拖动鼠标会在图像建立一个矩形选区，可通过选区框上的控点来调整选区大小，按【Enter】键，选择区域以外的图像被剪切掉，同时 Photoshop CS6 会自动将选区内的图像建立一个新文件，如图 3-42 所示。

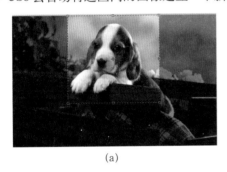　

(a)　　　　　　　　　　　　(b)

图3-42　裁剪工具的效果

（五）变换选区命令

可以对选区进行缩放、扭曲、旋转、变形等各种操作，并能调整选区的位置。

（六）调整边缘命令

可以精细综合地对选区进行编辑和调整。单击【选择】/【调整边缘】命令，弹出【调整边缘】对话框，如图 3-43 所示。

【调整边缘】对话框中的各参数含义如下。

【半径】：用于微调选区与图像之间的距离，数值越大，选区越来越精确地靠近图像边缘。

【对比度】：设置此参数可以调整边缘的虚化程度，数值越大，边缘越锐化。

【平滑】：当创建的选区边缘非常生硬时，可以用此选项来

图3-43　【调整边缘】对话框

进行柔化处理。

【羽化】：用于柔化选区边缘。

【收缩/扩展】：拖动滑块向左可以扩展选区，向右则可以收缩选区。

【预览方式】：有 5 种不同的选区预览方式，以供不同的需要选择不同的预览方式。

【选择】/【扩大选取】命令：在已经创建了选区的基础上，单击【选择】/【扩大选取】命令，可以将图像中连续的、色彩相似的像素点一起扩充到选区内。效果如图 3-44 所示。

(a)   (b)

图3-44　扩大选取的效果

【小结】

选区工具中的套索工具组主要用于创建各种各样不规则的选区，使用灵活、方便；裁剪工具可以非常便捷地裁剪掉图像不需要的部分；【选择】菜单的各项命令可以进一步辅助图像选区的制作和编辑。在图像制作中可以综合应用工具与菜单，能选取各种各样任意形状的选区。

任务三　图像的合成——玫瑰情人

【知识要点】

【魔棒工具】：可以用于选取颜色相近的选区。容差的含义：值越小，选取的颜色就越接近，选取的范围就越小。

【移动工具】：可以对选定的部分图像或者图层移动到需要的位置。

【选择】/【反向】命令：用于反转当前选区。

【选择】/【色彩范围】命令：用于同时从一幅图像中根据颜色选择出一种或几种颜色定义的图像区域。

【任务目标】

学习使用魔棒工具和移动工具，并使用菜单命令进行调整。

【操作步骤】

01 单击【文件】/【打开】命令，打开素材图片 1、2、3，如图 3-45、图 3-46 和图 3-47 所示。

02 在工具箱中右击工具按钮 ✎，在弹出的面板中选择【魔棒工具】，如图 3-48 所示。

03 选中工具栏上第 2 个【添加到选区】按钮，【容差】设置为 32，如图 3-49 所示。

04 用【魔棒工具】单击素材 1 的所有空白处，再单击【选择】/【反向】命令，可以将图像的人物完整的抠出来，如图 3-50 所示。

图3-45 素材图片1

图3-46 素材图片 2

图3-47 素材图片 3

图3-48 选择【魔棒工具】

图3-49 【容差】设置为 32

05 用【移动工具】 ►♦ 将抠出的人物移动到素材图 3 中，通过图像控点调整图像的位置和大小，若没有出现图像控点，选中工具栏上 □显示变换控件 复选框可在图像上显示出控点，如图 3-51 所示。

图3-50 执行【反向】命令后的效果

图3-51 图像合成效果（一）

06 采用同样的方法将素材图 2 移动到素材图 3 中，将图 2 中的玫瑰花位于整个图像的左上角，如图 3-52 所示。

07 为了让画面看起来富有层次感，单击【图层】控制面板的【图层 2】，将【透明度】

设置为 50%，拖动滑块即可修改图层的透明度，如图 3-53 所示。

图3-52　图像合成效果（二）　　　　　　图3-53　设置图层透明度

08 最后完成的效果如图 3-54 所示。

图3-54　任务一最终效果图

【知识要点学习】

（一）魔棒工具

用于选取颜色相近的区域。在工具箱选择【魔棒工具】后，在【工具选项栏】上将显示【魔棒工具】的选项，如图 3-55 所示。

图3-55　【魔棒工具】选项栏

各个选项的功能如下。

（1）【新选区】按钮▫：一般打开 Photoshop CS6 会自动默认此按钮的功能。在选择【新选区】时，新选区会替代原来的旧选区，相当于取消后重新选取。

（2）【添加到选区】按钮：单击此按钮，会在原来的基础上添加新的选区，新旧选区会共存，效果如图 3-56 所示。

（3）【从选区减去】按钮：单击此按钮，新的选区会减去旧选区，如果新选区在旧选区之外，则没有任何效果。需要注意的是，如果新的选区完全覆盖了旧选区，会产生如图 3-57 所示的错误提示。

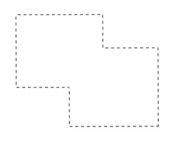

图3-56 添加到选区的效果　　　　　　图3-57 错误提示对话框

（4）【与选区交叉】按钮：单击此按钮，则保留新旧选区的相交部分，如图 3-58 所示。如果新旧选区没有出现相交部分，则也会出现图 3-57 所示的警告提示。

（5）添加到选区的快捷键是【Shift】，从选区减去的快捷键是【Alt】，与选区交叉的快捷组合键是【Shift +Alt】，选区的取消快捷组合键是【Ctrl+D】，大家可以多练习，并结合到实际使用中去。

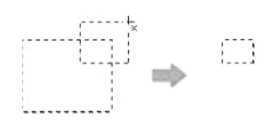

图3-58 与选区交叉的效果

（6）【容差】：用于控制色彩的范围，设定的范围在 0～255 之间，输入的数值越大，则颜色容许的范围越宽，选择的精确度就越低，下面分别设置【容差】为 32 和【容差】为 100 的选区作对比，如图 3-59 所示。

（a）【容差】为32　　　　　　　　（b）【容差】为100

图3-59 不同容差值的效果对比

（7）【消除锯齿】复选框：选中该复选框可以有效去除锯齿状边缘。

（8）【连续】复选框：选中该复选框，表示只选择与单击点相连的同色区域，取消表示将整幅图像中符合要求的色域全选。

（9）【对所有图层取样】复选框：选中该复选框，所选择的像素不仅仅是当前图层，而是所有图层的像素，取消只对当前图层起作用。

（二）移动工具

对图像或选择区域进行移动、剪切、复制、变换等操作。在【工具箱】选择【移动工具】后，在【工具选项栏】上将显示【移动工具】的选项，如图 3-60 所示。

图3-60　【移动工具】选项栏

（1）【自动选择】复选框：选中该复选框，自动选择单击对象所在的图层。

（2）【显示变换控件】复选框：选中该复选框，所选对象会被一个带有控点的矩形虚线定界框包围，拖动定界框可以对图像进行缩放或旋转等操作。

（3）使用【移动工具】时，按【Alt】键可以实现复制。

（三）选择菜单

（1）【选择】菜单中的【反向】命令，如图 3-61 所示，用来反转当前的选择区。所有被选择的像素变成非选择的，所有未被选择的像素变成被选择的，如图 3-62 所示。

(a) 选定白色区域　　(b) 执行"反向"命令后

图 3-61　【选择】菜单中【反向】命令　　　图 3-62　反向后的效果

（2）【选择】菜单中的【色彩范围】命令，可用来修改已有选择区或创建新的选择区。该命令通过选择颜色的范围，对整幅图像或现有选择区起作用。【色彩范围】对话框如图 3-63 所示。

(a)　　　　　　　　　　　　　(b)

图3-63　【色彩范围】对话框

【色彩范围】的选取规则是选择选区或者整个图像内指定的颜色区域，也就是利用选取颜色相同或相近的像素点来获得选区，因此，比较适合颜色统一并且背景色比较单一的图像，但它不能用于 32 位／通道的图像。对话框中各选项功能如下：

①【选择】：用于选取取样颜色，也可以选择颜色：红色、黄色、绿色、青色、蓝色、洋红、高光、中间调、阴影、溢色。选择黄色后的效果如图 3-64 所示。

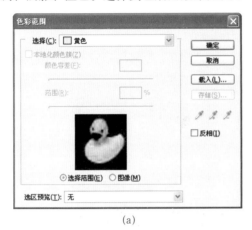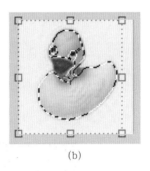

(a)　　　　　　　　　　　　(b)

图3-64 【色差范围】对话框中选取取样颜色的效果

②【颜色容差】：与【魔棒工具】使用的容差值类似，取值范围为 0 ～ 200。为 0 时，只有与图像或选择区中的被选颜色相匹配的像素才被选择，容差值设置得越大，被选的像素就越多。

③【添加到取样】按钮 ：在预览或图像区域中增加颜色，扩大选区范围。

④【从取样中减去】按钮 ：在预览或图像区域中减去颜色，缩小选区范围。

选择任何吸管时，按下【Shift】键可临时切换到加吸管以增加颜色，按下【Alt】键则切换到减吸管以减去颜色。预览区可以设置为【选择范围】或【图像】，如果选中【选择范围】，则预览区里的白色表示完全被选择区，黑色表示完全非选择区，任何级数的灰色表示被部分选择的区域。如果选中【图像】，则可以预览整个图像。

【小结】

Photoshop 提供的【魔棒工具】和【移动工具】都是很常用的工具，【魔棒工具】能在图像制作中很聪明地选取所需部分，结合【选择】菜单中的相关命令，在实际应用中可以方便快捷地创建选区。

项 目 实 训

项目实训一　设计与制作——杂志封面

练习要点：使用【魔棒工具】抠图；使用【移动工具】调整图像大小和位置；用【单行选框工具】制作线条；用【裁剪工具】截取素材不要的部分；用【矩形选区工具】制作黑色区域部分；用【文

字工具】编辑文本。效果如图 3-65 所示。

图3-65　实训一效果图

项目实训二　设计与制作——个性相框

练习要点：综合使用选区的相关属性、变化，以及基本工具来进行设计，设计效果可参考图 3-66。

图3-66　实训二效果图

项 目 总 结

    Photoshop CS6 中选区的状态非常多样化，可以是任意一种形状，也可以是图像中任意一个位置，如果图像有选区，意味着图像的各种操作限定在这个选区范围内。为了满足图像处理的需要，在 Photoshop CS6 中提供了极其丰富的图像选择功能，灵活地使用这些功能，可以在不同的情况下，方便快捷地将图像选择出来。

思考与练习

选择题

1. 在 Photoshop CS6 中允许一个图像显示的最大比例范围是（   ）。
    A. 100%   B. 200%   C. 600%   D. 1600%

2. 如何移动一条参考线（   ）。
    A. 选择移动工具拖动
    B. 无论当前使用何种工具，按住【Alt】键的同时单击
    C. 在工具箱中选择任何工具进行拖动
    D. 无论当前使用何种工具，按住【Shift】键的同时单击

3. 下列（   ）工具可以选择连续的相似颜色的区域。
    A. 矩形选择工具   B. 椭圆选择工具
    C. 魔术棒工具   D. 磁性套索工具

4. 为了确定磁性套索工具对图像边缘的敏感程度，应调整（   ）数值。
    A. Tolerance（容差）   B. Edge Contrast（边缘对 B 比度）
    C. Fuzziness（颜色容差）   D. Lasso Width（套索宽度）

项目四

图像的绘制和设计

 背景说明

    Photoshop CS6 中的绘画功能十分强大，对于美术专业的学者来说，其必然是一个不可或缺的工具。然而对于大部分没有美术基础的用户来说，我们只要掌握其中的要点，也可以获得不错的图像。下面将对画笔工具组做深入的讲解，同时讲解使用渐变工具创建各类渐变效果的方法。本项目通过 3 个任务的学习，使读者掌握画笔工具、铅笔工具、渐变工具、油漆桶工具、填充、描边等工具，以及命令的一些基本概念和应用。

学习目标

知识目标：学习画笔工具、铅笔工具、渐变工具、油漆桶工具、填充、描边
           等工具和命令的使用。

技能目标：能利用所学工具进行绘图。

重点与难点

重点：画笔工具、渐变工具。

难点：从整体上把握图像的绘制方法。

更多惊喜

任务一 设计与制作之精美桌面

【知识要点】

【选色】在 Photoshop CS6 中的选色包括选择前景色与背景色。在工具箱中可以进行前景色和背景色的设置，工具箱下方的颜色选择区由前景色样本块、背景色样本块、切换前景色与背景色的转换按钮及默认前景色背景色按钮组成，如图 4-1 所示。无论单击前景色颜色样本块还是背景色颜色样本块，都可以弹出如图 4-2 所示的【拾色器】对话框，可以再次选择自己想要的颜色进行编辑。

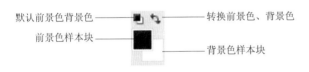

图4-1 【选色】工具箱下方的颜色选择区   图4-2 【拾色器】对话框

【吸管工具】：使用【吸管工具】可以读取图像的颜色，并将取样颜色设置为前景色。

【画笔工具】：在使用【画笔工具】进行工作时，需要注意的操作要点有两个，一是需要选择正确的作图前景色，二是设置好画笔类型、各项参数，以及叠加模式。【画笔工具】选项栏如图 4-3 所示。

图4-3 【画笔工具】选项栏

【铅笔工具】：用于画纸边缘较硬的线条，此工具的选项栏如图 4-4 所示。

图4-4 【铅笔工具】选项栏

【颜色替换工具】：可用于替换画面中图像的颜色，此工具的选项栏如图 4-5 所示。

图4-5 【颜色替换工具】选项栏

【任务目标】

掌握画笔工具各项参数的含义、设置方法及应用。

【操作步骤】

01 单击【文件】/【新建】命令，新建一个大小为 1 440×900 像素、分辨率为 72 dpi、背景颜色为白色的文件；按【Ctrl+A】组合键，全选创建选区，并用【径向填充】工具进行填充，颜色分别设置为 R=G=B=255 和 R=50、G=150、B=10，背景效果如图 4-6 所示。

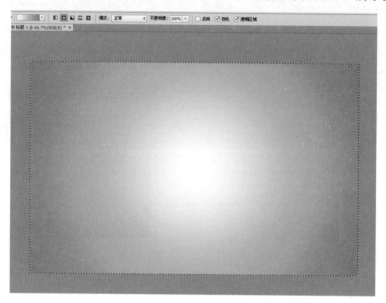

图4-6　背景设计

02 将前景色 RGB 值设置为 R=50、B=150、G=10，后景色保持白色。新建一个透明图层【图层 1】（为了更好地操作已经画好的图像，通常都要新建图层进行画画）。设置前景色和背景色分别为绿色和黄色，选择【画笔工具】，这时便可以在画布上随意绘画了。如果单击便可以绘制出类似图 4-7 所示的花纹，如果按住鼠标左键不放拖动便可以绘制出类似图 4-8 所示的花纹。

03 为了能让画出的图像满足要求，需要对【画笔工具】的参数进行设置。现在选择画笔 画笔: 112 ，然后在页面下方适当区域绘制草丛，如图 4-9 所示。

图4-7　单击绘制出的花纹

04 再选择画笔 画笔: 134 ，然后在页面下方适当区域加深草丛，如图 4-10 所示。

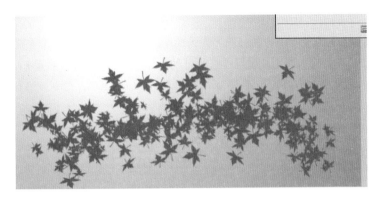

图4-8 按住鼠标左键不放拖动绘制出的花纹

图4-9 按住鼠标左键不放拖动112号图案绘制出的草地

图4-10 按住鼠标左键不放拖动134号图案绘制出的草地

05 按下【F5】快捷键，调出【画笔】面板，选择"树、叶、花、型"中直径为92px的小树，【间距】为62%；并勾选【散布】复选框，设置【散布】为50%，【数量】为3；勾选【颜色动态】复选框，设置【前景／背景抖动】为50%，并设置【色相抖动】为10%，【饱和度抖动】为20%；勾选【形状动态】复选框，设置【大小抖动】为10%，【角度抖动】为30%，如图4-11所示。

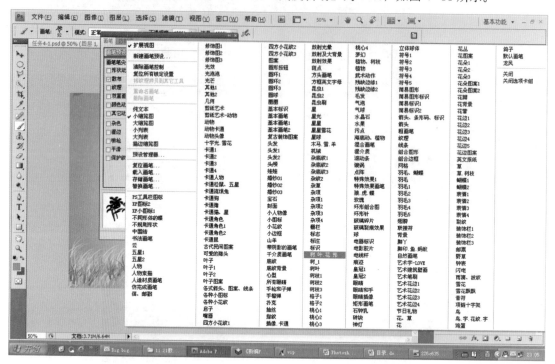

(a)

(b)

(c)

(d)

图4-11　设置画笔动态参数

06 画笔动态参数设置完成后，将前景色和后景色都调整为绿色，R=50、G=150、B=10。然后在画布上描绘出图案，效果如图4-12所示。

图4-12 画笔动态参数设置完成后绘制出的效果

07 新建一个透明图层【图层2】，按下【F5】快捷键，选择【圆球画笔】，设置画笔的【直径】为45，随意从画布左边至右边绘制出两道弯线，并调整图层的【不透明度】为50%，单独显示该图层的效果如图4-13所示。

图4-13 【图层2】刷圆球画笔后的效果

08 插入素材中如图4-14所示的树叶图片，处理后的效果如图4-15所示。

图4-14 树叶图片

图4-15 处理后的效果图

09 选择【矩形框选择工具】，选择并复制一个水珠，调整位置。然后再按下【F5】快捷键，选择【画笔工具】，找到桃心，设置合适的大小，制作效果如图 4-16 所示。

图4-16 插入桃心的最终效果

10 然后再按下【F5】快捷键，选择【画笔工具】，选择蝴蝶，设置合适的色彩和大小，添加蝴蝶效果如图 4-17 所示。

图4-17 插入蝴蝶后的效果

⑪　　最后根据自己的爱好，添加文字、图案或者改变图层的混合模式得到其他的效果，如图 4-18 所示。

图4-18　任务一最终效果图

【知识要点学习】

（一）新建画笔

Photoshop CS6 具有自定义画笔的功能，除了画笔库里预设的画笔之外，还可以自行创建画笔。下面以将文字定义为画笔的示例讲解其操作方法。

（1）输入要定义的文字或打开有需要定义为画笔的文字的图像，选择【矩形工具】框选文字，如图 4-19 所示。

（2）选择【编辑】／【定义画笔预设】命令。

（3）在弹出的对话框中输入新画笔的名称，如图 4-20 所示。

图4-19　定义画笔内容　　　　　　　　图4-20　【画笔名称】对话框

（4）画笔也可以存储和删除。

（二）画笔面板

在【画笔】面板中，可以为画笔设置各项参数，使画笔能够绘制出丰富的随机效果。当【画笔工具】、【铅笔工具】等工具被选中的情况下，在工具选项栏中单击 ▤ 按钮，或者直接按【F5】快捷键，如图 4-21 所示。

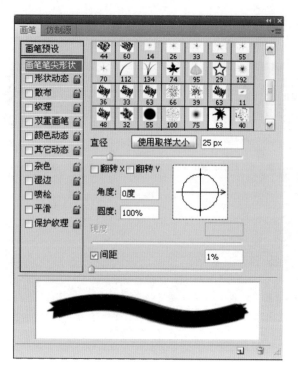

图4-21 【画笔】面板

- 单击【画笔】面板按钮左侧的各选项,可以详细设置画笔的动态属性参数,以及附加参数。
- 单击【画笔预设】按钮,可以在列表中选择需要的画笔。
- 单击【画笔笔尖形状】按钮,可在面板中调整画笔的【直径】、【硬度】、【间距】等参数。

(三)画笔常规参数

(1)【直径】:数值越大,绘制的线条就越粗,反之则越细。

(2)【硬度】:数值越大,画笔的边缘越清晰,数值越小,边缘越柔和。

(3)【间距】:可设置绘图时组成线段的两点间的距离,数值越大,距离越大,不同间距所绘出的效果如图 4-22 所示(间距单位为 %)。

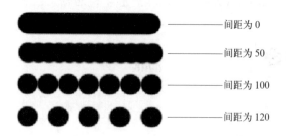

间距为 0

间距为 50

间距为 100

间距为 120

图4-22 不同间距所绘出的效果

(4)【圆度】:数值越大,画笔越趋向于正圆活画笔在定义时所具有的比例。

(5)【角度】:对于圆形画笔,仅当【圆度】数值小于 100% 时,才能够看出效果。

（四）画笔动态参数

（1）【大小抖动】：此参数控制画笔在绘制过程中尺寸的波动幅度，数值越大，波动的幅度就越大。如图4-23所示是【大小抖动】数值为50%的效果，图4-24所示的是【大小抖动】数值为0的效果。

图4-23　大小抖动数值为50%的效果　　　　图4-24　大小抖动数值为0的效果

（2）【最小直径】：此数值控制在画笔尺寸发生波动时，画笔的最小尺寸。百分数越大，波动的范围越小，波动的幅度也就越小。

（3）【角度抖动】：此参数控制画笔在角度上的波动幅度，数值越大，波动的幅度也越大，画笔显得越紊乱，图4-25所示的就是不同的角度抖动数值所绘出的效果，注意观察枫叶的杆的方向发生了改变。

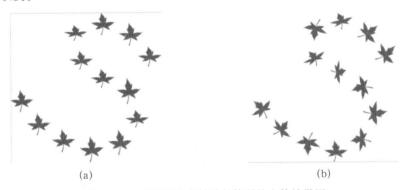

（a）　　　　　　　　　　　　　　　　（b）

图4-25　不同的角度抖动数值所绘出的效果图

（4）【圆度抖动】：此参数控制画笔笔迹在圆度上的波动幅度。百分数越大，波动的幅度也越大。图4-26所示为不同的圆度抖动参数绘出的效果。

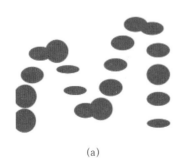

（a）　　　　　　　　　　　　　　　　　　　　（b）

图4-26　不同的圆度抖动参数绘出的效果

（5）【最小圆度】：此数值控制画笔笔迹在圆度发生波动时，画笔的最小圆度尺寸值，百分数越大，发生波动的范围越小，波动的幅度也越小。

（五）画笔分散度属性

（1）【散布】：此参数控制使用画笔笔画的偏离程度，百分数越大，偏离的程度越大。

（2）【两轴】复选框：选择此复选框，笔迹在 X 和 Y 两个轴向上发生分散，如果不选择此复选框，则只在 X 轴上发生分散。

（3）【数量】：此参数控制画笔笔迹的数量，数值越大，画笔笔迹越多。

（4）【数量抖动】：此参数控制画笔笔迹数量的波动幅度，百分数越大，画笔笔迹的数量波动幅度越大。

【小结】

本任务主要运用画笔工具绘制出了一幅简单的背景图像，并详细介绍了【画笔】面板各个参数的设置，在实际操作中，设置画笔一定要按照需求进行设置，其中动态参数、分散度参数和纹理效果是其中较难掌握的知识点，需要在平时的练习中慢慢熟悉。对钟情于操作画笔的用户来说，可下载一些画笔或者自行制作一些画笔存储起来，需要时可随时调出来使用。

任务二　设计与制作之燃烧的红烛

【知识要点】

【渐变工具】用于创建不同色间的混合过渡，在 Photoshop CS6 中可以创建 5 类渐变，即【角度渐变】、【直线渐变】，【径向渐变】、【对称渐变】、【菱形渐变】，如图 4-27 所示。

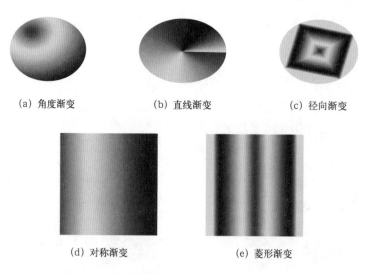

（a）角度渐变　　　　　（b）直线渐变　　　　　（c）径向渐变

（d）对称渐变　　　　　（e）菱形渐变

图4-27　不同【渐变工具】创建的渐变效果

【渐变编辑器】　单击工具选项栏中的【渐变效果】按钮，弹出如图4-28所示的【渐变编辑器】对话框，在此对话框中可以创建新的渐变类型。

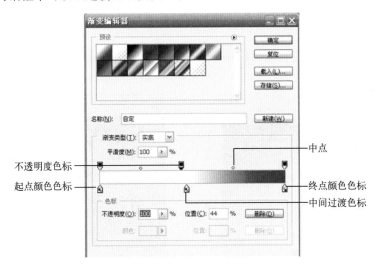

图4-28　【渐变编辑器】对话框

【任务目标】

学习使用【渐变工具】，并将此工具和已经掌握的其他知识结合起来运用。

【操作步骤】

01　单击【文件】/【新建】命令，新建一个大小为600×350像素、分辨率为72 dpi，背景颜色为白色的文件。

02　将前景色设置为黑色，选择【油漆桶工具】，单击画布，这时整个画布被黑色填充。

03　选择【渐变工具】，【渐变工具】选项栏如图4-29所示，并选择【径向渐变】，创建一个实色渐变，【渐变编辑器】中参数的设置如图4-30所示。

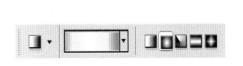

图4-29　【渐变工具】选项栏

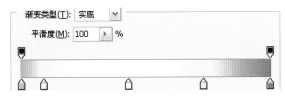

图4-30　【渐变编辑器】中参数的设置

04　新建一个图层，为【图层1】选择【椭圆框选工具】，同时按住【Alt】键和【Shift】键，由中心向四周画出一个正圆形的选区，单击【选择】/【修改】/【羽化】命令，设置【羽化】的数值为10，选择【径向渐变工具】，按住【Shift】键由中心向一边画出渐变图案，如图4-31所示。

小提示

想要迅速找到正方形的中心位置，可以通过辅助工具【标尺】拉下两条直线来定位中心点的位置。可单击【视图】/【标尺】命令，或者按下【Ctrl+R】快捷键打开标尺。

05 单击【编辑】/【自由变换】命令，将渐变形状修改为如图 4-32 所示的效果，并单击【确定】按钮。

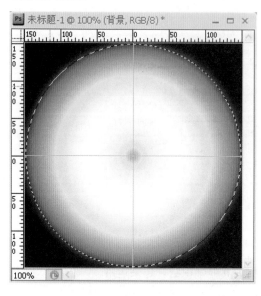

图4-31 用【渐变工具】画出的效果

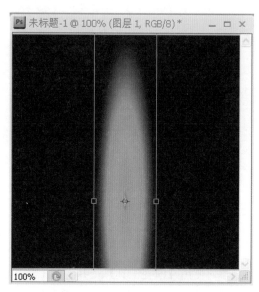

图4-32 渐变形状修改后的效果

06 新建一个图层，选择【黑白实色渐变】，利用【直线渐变工具】，绘出如图 4-33 所示的效果。

07 将这个图层的叠加模式设置为【正片叠底】，得到的效果如图 4-34 所示。

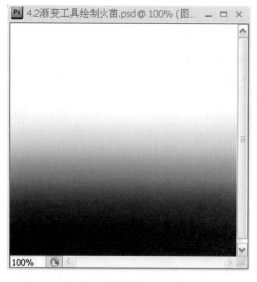

图4-33 直线渐变效果

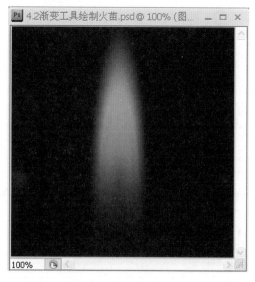

图4-34 修改图层的叠加模式后的效果

08 将做好的火苗半成品拖入蜡烛中并调整其大小，如图 4-35 所示。（蜡烛的做法暂不说明，可以在修饰图像章节中学习）

图4-35 火苗效果

09 用【液化工具】调整火苗的形状，并用画笔工具加上烛心，画出蓝色的火苗，就完成了。（此步骤要求不断的修改，对于没有美术基础的用户来说，参照效果图进行描绘较好）

【知识要点学习】

（一）渐变类型

在【渐变编辑器】中设置好需要的渐变类型，单击【新建】按钮，并且可以为自己创建的新的渐变类型命名，渐变类型还可以存储和载入，【渐变编辑器】对话框如图 4-36 所示。

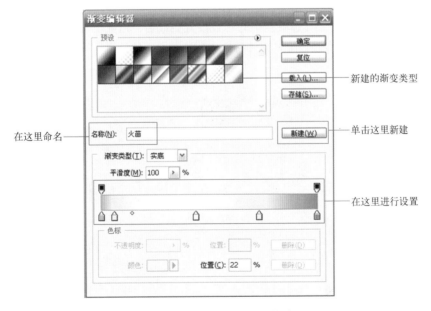

图4-36 【渐变编辑器】对话框

渐变编辑器中色标的含义如图 4-37 所示。

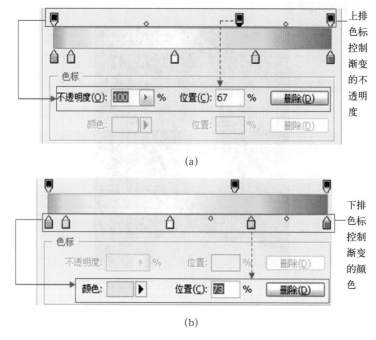

(a)

(b)

图4-37 渐变编辑器中色标的含义

（二）油漆桶工具

油漆桶工具用于为图像填充实色及图案，此工具的选项栏如图 4-38 所示。

图4-38 【油漆桶工具】选项栏

其使用方法很简单，其工具选项栏中的参数设置完成后，用此工具在图像中单击即可完成填充操作，图 4-39 所示是将背景填充为【前景色】及图案后的效果。

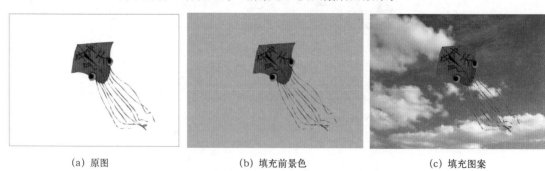

(a) 原图   (b) 填充前景色   (c) 填充图案

图4-39 【油漆桶工具】操作示例

（三）定义图案

【油漆桶工具】除了能填充实色，还可以填充图案，这个图案可以是 Photoshop CS6 预设的，同时用户还可以根据需要自定义图案作为填充的素材。定义图案类似于前面所讲过的定义画笔预设，方法是，首先选择自己想要定义的图案，用【矩形框选工具】选中，如图 4-40 所示，然后单击【编辑】/【定义图案】命令，在弹出的对话框中输入新图案的名称，单击【确定】按钮即可，如图 4-41 所示。

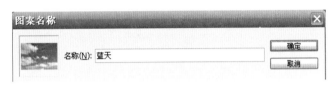

图4-40　用【矩形框选工具】选中　　　　　　图4-41　输入新图案的名称

【小结】

本任务主要学习了【渐变工具】，渐变工具在 Photoshop CS6 作图中是较为常用的一个重要工具，容易掌握。可以利用【渐变工具】制作色彩丰富的背景，还可以制作彩色的条纹，例如，彩虹效果。

任务三　设计与制作之五彩羽毛

【知识要点】

【填充】单击【编辑】/【填充】命令，可以进行填充操作。

【描边】对选区进行描边操作，可以得到沿选区勾描的线框，描边操作的前提条件是具有选区。

【任务目标】

通过羽毛图片的设计与制作，加深对【填充】命令的理解，强化学生的操作熟练程度。进一步掌握【描边】命令对选区进行描边操作。提高学生独立运用知识进行设计的能力。

【操作步骤】

01 单击【文件】/【新建】命令，新建一个 600×600 px、背景为白色的文件。

02 将前景色设置为 R=220、G=186、B=220，单击【编辑】/【填充】命令，使用前景色进行填充，得到如图 4-42（a）所示的效果。再框选一个适当大小的矩形选区，调整边缘，设置半径为 3、对比度为 10、平滑度为 3、羽化值为 5，如图 4-42（b）所示。然后单击【编辑】/【描边】命令，边框大小和颜色自定。

03 保持选区，单击【选择】菜单，选择【反选】命令；再单击【编辑】菜单，选择【填充】命令，然后填充白色，按【Ctrl+D】组合键退出，如图 4-43 所示。

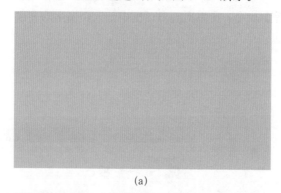

(a)

(b)

图4-42　使用前景色填充后的效果

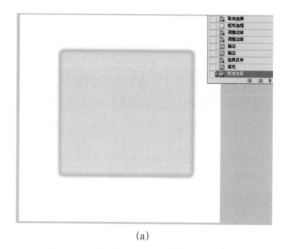

(a)

图4-43　使用描边和反选填充后的效果

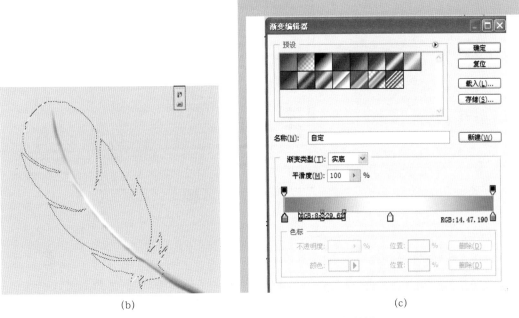

(b)   (c)

图4-43 使用描边和反选填充后的效果（续）

04 新建一个透明图层为【图层1】，用【套索工具】、【选取增加】、【选取减少】工具，共同完成羽毛梗的选区设计，并利用调整边缘工具将【平滑度】设置为25%，填充效果如图4-44所示。

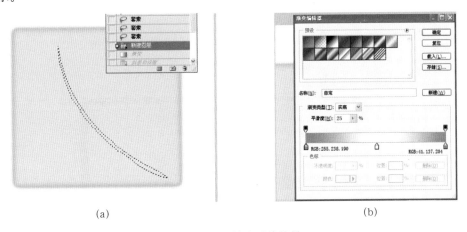

(a)   (b)

图4-44 羽毛梗填充后的效果

05 为羽毛梗使用【斜面和浮雕】。单击右下角 ﾊ 按钮，再选择【斜面和浮雕】，效果如图4-45所示。

06 为羽毛设置交叉部分区域，为其填充适当的渐变色彩，效果如图4-46所示。

07 利用【加深工具】 加深工具 ○ 和【模糊工具】 模糊工具 处理局部，达到自己预期的效果即可。为羽毛增加边框，最终效果图4-47所示。

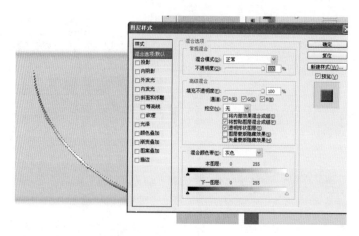

图4-45　为羽毛梗使用【斜面和浮雕】后的效果

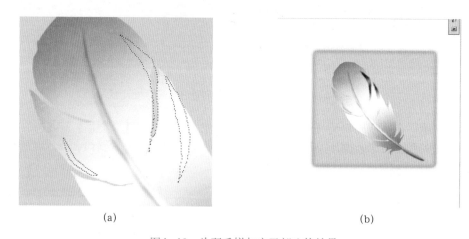

(a)　　　　　　　　　　　　　　　　　　　(b)

图4-46　为羽毛增加交叉部分的效果

图4-47　为效果图增加边框

【知识要点学习】

（一）填充命令

单击【编辑】/【填充】命令，可以进行填充操作。单击【编辑】/【填充】命令，将弹出如图 4-48 所示的【填充】对话框。

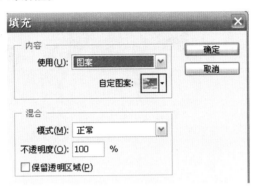

图4-48 【填充】对话框

此对话框中的重要参数及选项说明如下。

(1)【使用】：可以在此选择 8 种填充类型中的一种，分别是前景色、背景色、颜色、图案、历史记录、黑色、50% 灰色、白色。

(2)【自定图案】：如果在【使用】的下拉列表中选择【图案】选项，可激活其下方的【自定图案】选项，单击其右侧的下拉按钮，在图案类型列表中选择图案。

（二）描边命令

此命令可对选区进行描边操作，可以得到沿选区勾描的线框，描边操作的前提条件是具有选区。单击【编辑】/【描边】命令，弹出如图 4-49 所示的【描边】对话框。

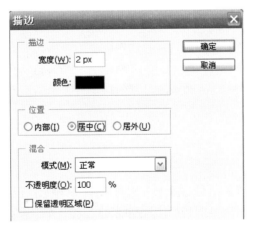

图4-49 【描边】对话框

此对话框中的重要参数及选项说明如下。

（1）【宽度】：在该文本框中输入数值，可确定描边线条的粗细，数值越大，线条越粗。

（2）【颜色】：如果要设置描边线条的颜色可以单击图标，在弹出的【拾色器】中选择颜色。

（3）【位置】：选择【位置】选项区域中的单选按钮，可以设置描边线条相对选区的位置，图4-50所示为分别选择3个单选按钮后所得到的描边效果。

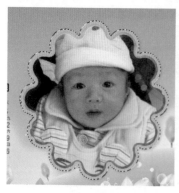  

（a）选择"居外"　　　　　　　（b）选择"居中　"　　　　　　（c）选择"居内"

图4-50　分别选择 3 个单选按钮后所得的描边效果

（三）定义图案和填充命令相结合

经常看到的商品包装纸是品牌的 LOGO 充满了整个画布，类似如图 4-51 所示效果，可以通过上述方法制作。

图4-51　定义图案与填充命令相结合的示例

【小结】

本任务主要利用了【填充】和【描边】命令进行制作，其中选区也是一个重点，【填充】和【描边】的知识较为简单，只要稍加练习就可以很熟练地操作，如果掌握了它们的快捷键，则可以提高操作效率。

项 目 实 训

项目实训一 设计与制作——POP 广告

练习要点：使用【渐变工具】制作彩虹圈，并利用编辑的知识变换图像；使用【画笔工具】书写文字，特别要注意在【画笔】面板中设置画笔参数，使用【填充】和【描边】命令美化图像。彩虹海报效果如图 4-52 所示。

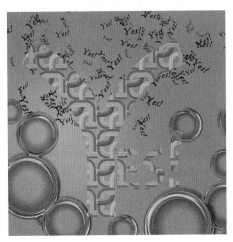

图4-52 彩虹海报最终效果

项目实训二 设计与制作——人物特效

练习要点：修改、制作背景，利用选区知识抠出人物轮廓，人物素材和背景素材如图 4-53、图 4-54 所示，用画笔等工具进行绘制和修饰，最终效果如图 4-55 所示。

图4-53 人物素材

图4-54 背景素材

图4-55 火光萦绕最终效果

项 目 总 结

　　本项目中主要对画笔工具组做了深入的讲解，并教授了使用渐变工具创建各类渐变效果的方法。本项目通过3个任务的学习，使读者掌握【画笔工具】、【铅笔工具】、【渐变工具】、【油漆桶工具】、【填充】、【描边】等工具，以及命令的一些基本概念和应用。

思考与练习

选择题

1. 在 New Brushes（新画笔）对话框中可以设定画笔的（　　）。
   A. Diameter（直径）　　　　　　　　　　B. Hardness（硬度）
   C. Color（颜色）　　　　　　　　　　　　D. Spacing（间距）
2. 下面（　　）选择工具形成的选区可以被用来定义画笔的形状。
   A. 矩形工具　　　　B. 椭圆工具　　　　C. 套索工具　　　　D. 魔棒工具
3. 下面描述（　　）是正确的。
   A. 存储后的画笔文件上有 Brushes 字样
   B. 用 replace burshes（替换画笔）命令可选择任何一个画笔文件插入当前正在使用的画笔中

C. 要使画笔调板恢复原状，可在弹出式菜单中选择 reset brushes（复位画笔）命令

D. Photoshop CS6 提供了 7 种画笔样式库

4. 画笔工具的用法和喷枪工具的用法基本相同，唯一不同的是（　　　）。

　　A. Brushes（笔触）　　　　　　　　　B. Mode（模式）

　　C. Wet Edges（湿边）　　　　　　　　D. Opacity（不透明度）

5. 在喷枪选项中可以设定的内容是（　　　）。

　　A. Pressure（压力）　　　　　　　　　B. Auto Erase（自动抹除）

　　C. Wet Edges（湿边）　　　　　　　　D. Styles（样式）

6. Auto Erase（自动抹除）选项是（　　　）工具栏中的功能。

　　A. 画笔工具　　　　B. 喷笔工具　　　　　C. 铅笔工具　　　　　D. 直线工具

项目五

修饰图像

 背景说明

　　项目四主要介绍了绘制图像方面的方法和技巧，在实际操作中，我们不仅要学会自己绘制图像，还必须学习修饰图像的方法，这样才能让我们的作品更加专业和美观。在这一项目中围绕修饰图像，将深入讲解污点修复画笔、修复画笔、修补、红眼工具、加深、减淡、海绵、模糊、锐化、涂抹、橡皮擦、背景橡皮擦、魔术橡皮擦、图章等工具在修饰图像中的使用方法。本项目通过两个任务的学习，使读者掌握利用 Photoshop CS6 自带工具修饰图像的技能。

学习目标

知识目标：学习修饰图像的常用基本工具和命令及其应用。

技能目标：能利用 Photoshop CS6 自带工具修饰图像。

重点与难点

重点：各种修饰图像工具的运用。

难点：将各项工具结合起来修饰美化图像。

更多惊喜

任务一 制作瑜伽宣传海报

【知识要点】

【修补工具】 ：可以用其他区域或图案中的像素来修复选中的区域。修补工具将样本像素的纹理、光照和阴影与原像素进行匹配。

【仿制图章工具】 ：能够将一幅图像的全部或部分复制到同一幅图像或其他图像中。

【橡皮擦工具】 ：选中此工具，在图像中拖动，便可以擦除拖动过的区域颜色，并在擦除的位置上填入背景色。

【背景橡皮擦工具】 ：选中此工具，在图像中拖动，便可以擦除拖动过的区域背景的颜色。

【修复画笔工具】 ：在操作和用法上与图章工具相似，修复画笔工具对于去除图像上的划痕、斑点等非常方便。

【任务目标】

掌握修饰图像工具(修补工具、仿制图章工具、橡皮擦工具、背景橡皮擦工具、修复画笔工具)的用法，并能在修饰图像时熟练地运用。

【操作步骤】

01 在 Adobe Photoshop CS6 中打开素材【瑜伽照片】，如图 5-1 所示。

图5-1 瑜伽照片原图

02 选择【矩形选框工具】 框选图 5-1 下方的文字，如图 5-2 所示，按【Delete】键，弹出【填充】对话框，如图 5-3 所示，填充后的效果如图 5-4 所示。选择【修补工具】 ，圈出图 5-1 右下角石头上的文字，如图 5-5 所示，然后按住鼠标左键，把圈出的部分移到想要复制的地方，松开鼠标，文字被选中的图案所覆盖，全部修补完成后的效果如图 5-6 所示。

图5-2　运用【矩形选框工具】框选图像　　　　图5-3　【填充】对话框

图5-4　填充图像

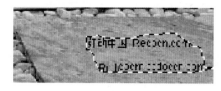

图5-5　选择修改区域　　　　　　　　图5-6　修补完成后的效果

03　解锁【背景】使其变为图层，双击🔒按钮，弹出【新建图层】对话框，将名称修改为【瑜伽人物】，如图5-7所示，选择【背景橡皮擦工具】🖌️或【橡皮擦工具】🧽，在工具选项栏中根据需要设置合适的大小与硬度，把光标移到图像背景中，按住左键进行涂抹，根据需要重复完成前面的操作，完成后效果如图5-8所示。

图5-7　【新建图层】对话框　　　　　　图5-8　删除背景

04 打开大海素材，如图 5-9 所示，把【大海】图层放到【瑜伽人物】图层下面，编辑图片大小和位置，效果如图 5-10 所示。

图5-9 大海素材图   图5-10 编辑【大海】图层

05 选中【大海】图层，选择【仿制图章工具】，其工具选项栏如图 5-11 所示，把光标移动到需要提样的地方，按住【Alt】键并单击选择取样起点，松开鼠标，在文字的地方拖动光标复制图案，效果如图 5-12 所示。

06 选中【瑜伽人物】图层，执行【图像】/【调整】/【曲线】命令，弹出【曲线】对话框，如图 5-13 所示，在【曲线】对话框中调整图片的明亮度，使画面色彩更加明亮，效果如图 5-14 所示。

图5-11 【仿制图章工具】选项栏   图5-12 运用【仿制图章工具】复制图案

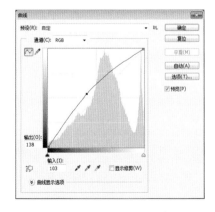

图5-13 【曲线】对话框   图5-14 调整明亮度后的效果图

07 选中【瑜伽人物】图层向左移动，如图 5-15 所示，空白的地方使用【仿制图章工具】
🔲复制图案，效果如图 5-16 所示。

图5-15 选中【瑜伽人物】图层向左移动　　图5-16 使用【仿制图章工具】复制图案后的效果

08 选择【横排文字工具】🅣编辑文字【瑜伽生活馆】，参数设置如图 5-17 所示。新建
图层【白框】，选择【矩形选框工具】▣，设置前景色为白色、不透明度为 73%，绘制白色矩形，
如图 5-18 所示，在白色矩形上编辑文字【瑜伽，把城市变成你的海】，参数设置如图 5-19 所示，
用相同的方法编辑文字【静心瑜伽】，参数设置如图 5-20 所示，双击此图层，在【图层样式】
对话框中编辑描边，设置颜色为白色、大小为 2 像素，效果如图 5-21 所示。

图5-17 【瑜伽生活馆】参数设置

图5-18 绘制白色矩形　　　　　图5-19 【瑜伽，把城市变成你的海】参数设置

图5-20 【静心瑜伽】参数设置

图5-21 描边效果

09 选择【自定义形状工具】▨，设置前景色为黑色，在形状选项框中选择【鸟2】，如
图 5-22 所示，根据需要在背景上绘制多个小鸟形状，编辑不透明度，降低图形颜色，效果如
图 5-23 所示。

图5-22 选择【鸟2】

图5-23 绘制图案

⑩　　选中【瑜伽人物】图层，选择【修复画笔工具】，调整画笔的大小和硬度，去掉人物服装上的白线，修复画笔工具与仿制图章工具的操作方法一样，按住【Alt】键并单击选择取样起点，松开鼠标，在白线的地方拖动光标修复颜色，如图5-24所示，最后调整海报整体的文字、图形的大小和位子，最终效果如图5-25所示。

(a)　　　　　　　　　　　　　　　　　(b)

图5-24　使用【修复画笔工具】去掉衣服上的白线

图5-25　最终效果图

【知识要点学习】

（一）仿制图章工具

选择【仿制图章工具】后，其工具选项栏如图5-26所示。

图5-26　【仿制图章工具】选项栏

其中几个重要选项说明如下。

(1)【模式】：选择复制时，取样区域及放置复制的颜色混合模式，不同的模式会产生不同的画面效果。

(2)【对齐】：选中此复选框，在仿制图像时，无论中间停止多长时间、多少次，再次使用【仿制图章工具】操作时，仍可以从上次结束操作时的位置开始，直到再次取样。如果未选中该选项，中途停止操作后再进行复制时，就会从最初取样点开始复制。

(3)【样本】：在此下拉列表框中选择取样的范围数据。例如，勾选所有图层选项，选择复制图像的目标区域将被用于所有显示的图层，如果取样后将光标放在另一幅图像中拖动，即可将取样区域的图像复制到另一幅图像中。

(4)【仿制图章工具】：在修饰画面中的作用是利用复制图像来达到修饰的目的，如图5-27所示的花卉、蝴蝶两个图像，利用【仿制图章工具】复制在一起，效果如图5-28所示。

图5-27　花卉、蝴蝶原图

图5-28　复制完成图

（二）图案图章工具

【图案图章工具】 与【仿制图章工具】 的区别在于【图案图章工具】的复制来源是图案。使用【图案图章工具】时，可以使用 Photoshop CS6 自带的图案，也可以创建自定义图案。创建自定义图案的方法如下：

打开如图 5-29 所示的图片素材，用【矩形选框工具】 选取所要复制的部分，如图 5-30 所示。选择【编辑】／【自定义图案】命令，将选区定义为图案，定义过的图案会自动加到选项面板中。可以新建一个文件，使用在选项面板中定义的图案，并选择适当的画笔，按住鼠标在画面上拖动，绘图效果如图 5-31 所示。

图5-29　原图

图5-30　选区

图5-31　图案复制效果

（三）橡皮擦工具

在此工具被选择的情况下，在图像中拖动便可以擦除拖动操作所掠过的区域。如果在背景图层上使用橡皮擦工具，则会在擦除的区域里填充背景色，如果在非背景层使用此工具，被擦除的区域将变成透明，此工具选项栏如图 5-32 所示。

Ps 文件(F) 编辑(E) 图像(I) 图层(L) 文字(Y) 选择(S) 滤镜(T) 视图(V) 窗口(W) 帮助(H)

模式：画笔　不透明度：100%　流量：100%　抹到历史记录

图5-32　【橡皮擦工具】选项栏

使用【橡皮擦工具】进行操作前，首先需要在【画笔】下拉列表中选择合适的笔触，以确定在擦除时拖动一次所能擦除区域的大小，选择的笔刷越大，一次所能擦除的区域就越大。在【抹到历史记录】复选框被选中的情况下，使用此工具在图像上擦除，可以将图像有选择地恢复至上一记录状态。

（四）背景橡皮擦工具

【背景橡皮擦工具】 与【橡皮擦工具】 一样，用来擦除图像中的颜色，但两者有所区别，【背景橡皮擦工具】在擦除背景图层颜色后不会填上背景色，而是将擦除的内容变为透明。在选项栏中除【画笔】、【容差】，还可以设置如下选项，如图 5-33 所示。

图5-33　【背景橡皮擦工具】选项栏

（1）【取样吸管】：用于选择清除颜色的方式。选择【连续】吸管 ，表示随着鼠标的拖动，会在图像中连续的进行颜色取样，并根据取样进行擦除，所以，该选项可用来擦除邻近区域中的不同颜色。选择【一次】吸管 ，则只擦除第一次单击所取样的颜色。选择【背景颜色】吸管 ，则只擦除包含背景颜色的区域。

（2）【限制】：选择【不连续】选项，将擦除图层中任意位置的颜色，选择【连续】选项，将擦除取样点及与取样点相接的或邻近的颜色，选择【查找边缘】选项，将擦除取样点及与取样点相连的颜色，但能较好地保留擦除位置颜色反差较大的边缘轮廓。

（3）【保护前景色】：选中此复选框可以防止擦除与当前工具箱中前景色相匹配的颜色。

（五）魔术橡皮擦工具

【魔术橡皮擦工具】与【背景橡皮擦工具】的用途类似，也是用来去除图像背景的，选中此工具，然后在图像上要擦除的颜色范围内单击，就会自动擦除掉与选中颜色相近的区域，如图 5-34 所示。

（a）原图

（b）完成后效果图

图5-34　使用【魔术橡皮擦工具】后的效果对比图

（六）污点修复画笔工具

该工具主要用于快速修复图像中的杂色或污斑等，它能够根据要修改点周围的像素及色彩将污点修复。下面以使用【污点修复画笔工具】对图像人物额头皱纹进行修复为例，修复完效果如图 5-35 所示。

（a）原图　　　　　　　　　　　　　（b）去皱效果图

图5-35　使用【污点修复画笔工具】后的效果对比图

（七）修复画笔工具

该工具与【污点修复画笔工具】功能类似，只是操作上有所不同，使用【修复画笔工具】的操作和【仿制图章工具】类似，首先要按【Alt】键在画面上无杂色的区域取样，然后在有杂色的地方进行涂抹，如果一次涂抹没有达到预期效果，可以重复多次，最终消除"污迹"，如图 5-36 所示。

（a）原图　　　　　　　　　　　　（b）取样后用　涂抹完成效果图

图5-36　使用【修复画笔工具】后的效果对比图

（八）修补工具

该工具是一种使用最频繁的修复工具，其工作原理与修复工具一样，只是【修补工具】像【套索工具】一样需要先绘制一个自由选区，如图5-37所示，然后将该选区内的图像拖动到目标位置，如图5-38所示，从而达到修补的效果，最终效果图如图5-39所示。

(a)   (b)

图5-37　选取修复的地方

图5-38　拖动到目标位置　 图5-39　修补后完成效果图

（九）内容感知移动工具

该工具是 Photoshop CS6 的新功能，可以快速地移动或复制物体，移动或复制后的边缘会自动进行柔化处理，以便和周围的环境完美地融合在一起。

（1）其工具选项栏中模式分为两种：【移动】及【扩展】，如图 5-40 所示。

图5-40　【内容感知移动工具】选项栏

该工具选项栏的主要选项说明如下。

① 【移动】：就是将选中的目标移动到想要的位置，并进行边缘高度融合。

② 【扩展】：就是很完美地对目标进行复制。

③【适应】：就是移动的目标边缘与周围的融合程度控制，可以理解为强度。

(2)【内容感知移动工具】的使用方法如下：

① 选中【内容感知移动工具】，如图 5-41 所示，并打开图片素材，如图 5-42 所示。

图5-41 选中【内容感知移动工具】　　　　图5-42 打开图片素材

② 使用【内容感知移动工具】，【模式】选择【移动】，圈选图 5-42 中所示的人物，如图 5-43 所示,然后按住鼠标左键将圈选的人物移动到左侧松开鼠标,红框处就是之前人物的位置，如图 5-44 所示。

图5-43 圈选人物　　　　图5-44 【内容感知移动工具】使用后的效果

（十）红眼工具

利用此工具可以去除照片上人物的红眼，操作十分简单，只要选择此工具在红眼的部分单击一下就可以完成，如图 5-45 所示。

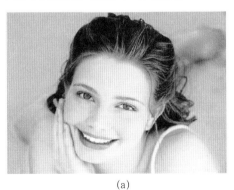

(a)　　　　　　　　　　　　　　(b)

图5-45 【红眼工具】使用后的效果对比图

【小结】

本任务是制作瑜伽宣传海报，主要用到了【修补工具】、【仿制图章工具】、【修复画笔工具】、【橡皮擦工具】和【背景橡皮擦工具】，这4个工具都是非常重要的工具，一定要熟练掌握。另外还讲解了【污点修复画笔工具】、【内容感知移动工具】、【红眼工具】、【图案图章工具】和【魔术橡皮擦工具】，这些工具操作十分简单，在修饰图像中的用途也十分广泛。

任务二　绘制毛绒字体

【知识要点】

【模糊工具】 ：降低图形中相邻像素的对比度，使图像变得模糊。
【加深工具】 ：将图像变暗、颜色加深。
【减淡工具】 ：将图像亮度增强、颜色减淡。
【涂抹工具】 ：产生颜色流动的效果。

【任务目标】

掌握模糊、减淡、涂抹等工具的使用方法，能够根据图像的需要使用这些工具制作不同的肌理效果。

【操作步骤】

01 执行【文件】/【新建】命令，在弹出的【新建】对话框中设置名称为【毛绒字体】，宽度为500像素，高度为300像素，分辨率为100，颜色模式为RGB，背景为白色，其他默认，设置完成后单击【确定】按钮。选择【渐变工具】 ，编辑渐变编辑器，设置颜色左R=145、G=147、B=195，右R=82、G=85、B=120，如图5-46所示。选择【径向渐变工具】 ，对背景图层进行渐变操作，将图5-47【麻布纹理】拖进去，设置图层模式为【正片叠底】，不透明度为60%并调整大小，效果如图5-48所示。

02 选择【横排文字工具】 ，输入文字【BEAR】，打开字体设置面板，参数设置如下：颜色R=242、G=241、B=241，大小为140 pt，字符间距为10，字体为Regular，如图5-49所示。

图5-46　填充渐变色

图5-47　【麻布纹理】

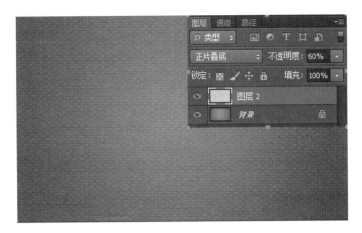

图5-48　麻布纹理背景

图5-49　字体设置面板

03　为文字添加图层样式，双击【文字图层】，弹出【图层样式】对话框，【斜面和浮雕】中的阴影模式颜色设置为R=96、G=93、B=93，其他参数设置如图 5-50～图 5-53 所示，文字立体效果如图 5-54 所示。

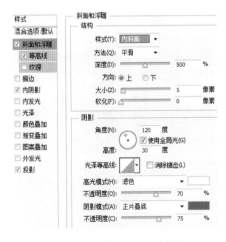

图5-50　设置斜面和浮雕

图5-51　设置等高线

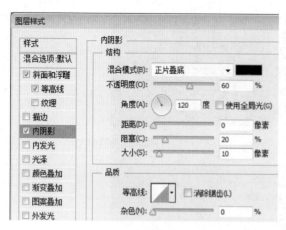

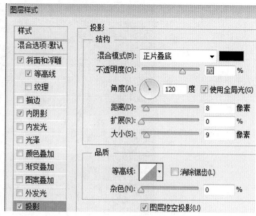

图5-52 设置内阴影　　　　　　　　　　　图5-53 设置投影

图5-54 文字立体效果

04 单击【路径】面板，右击【文字图层】在弹出的快捷菜单中选择【创建工作路径】/【建立选区】，如图 5-55 所示。新建图层并命名为【条纹】，设置图层混合模式为【线性加深】，设置前景色，这里设置为 R=247、G=130、B=184，选择【画笔工具】尖角画笔，大小为 19 像素，按住【Shift】从左到右拖动鼠标，以此类推继续制作下一个条纹，也可以重新调整画笔大小，避免太单调，添加条纹效果如图 5-56 所示。对【文字】和【条纹】两个图层添加杂色，取消选区，执行【滤镜】/【杂色】/【添加杂色】命令，设置数量为 18、高斯分布、单色、文字需要先进行栅格化，效果如图 5-57 所示。

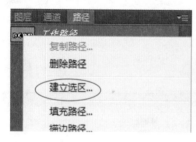

图5-55 建立文字选区

图5-56　添加条纹　　　　　　　　　　　　　　图5-57　添加杂色

05　合并【文字】和【条纹】两个图层，选择【模糊工具】，设置大小为160、硬度为0、强度为30%，对文字进行模糊处理，效果如图5-58所示。

图5-58　模糊文字

06　选择【涂抹工具】，对文字的边缘和条纹的边线进行涂抹，设置大小为2、硬度为100%、强度根据需要进行调整，以产生毛茸茸的效果，效果如图5-59所示。选择【减淡工具】对文字受光部分提亮，效果如图5-60所示。

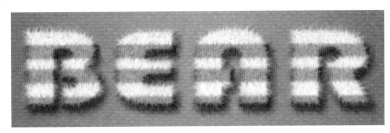

图5-59　使用【涂抹工具】绘制绒毛效果

图5-60　使用【减淡工具】对受光部分提亮后的效果

07　选择画笔工具，画笔控制面板参数设置如图5-61～图5-64所示，设置前景色为条纹颜色、背景色为白色。在【条纹】图层下新建一个图层，命名为【碎絮】，在文字周围添加一些碎絮，切记不宜过多，最终效果如图5-65所示。

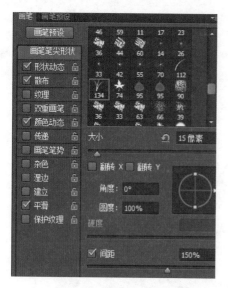

图5-61　设置笔尖形状

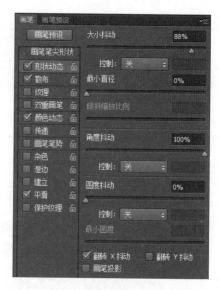

图5-62　设置形状动态

图5-63　设置散布

图5-64　设置颜色动态

图5-65　毛绒字体最终效果图

【知识要点学习】

（一）减淡工具

将图像亮度增强，颜色减淡。选择此工具，其工具选项栏显示如图 5-66 所示。

图5-66　【减淡工具】选项栏

(1) 曝光度：0 ～ 100%，一般控制在 50% 以内，曝光度太大，涂出来的效果太明显，把曝光度设小，涂出来的效果不会太明显，反复地涂，这样涂出来的效果较柔和。

(2) 范围：可以选择高光、中间调、阴影。

① 用高光模式减淡时，被减淡的地方饱和度会很高。

② 用阴影模式减淡时，被减淡的地方饱和度会很低。

③ 用中间调模式减淡时，被减淡的地方颜色会比较柔和，饱和度也比较正常。

（二）加深工具

【加深工具】和【减淡工具】的工具选项栏是一样的，效果与减淡工具相反，在实际操作中，一般会将【加深工具】与【减淡工具】结合起来使用，这两个工具主要用来修饰图像的立体感。在【加深工具】里，可设置加深工具的主直径、硬度、曝光度及范围。选择此工具，其工具选项栏显示如图 5-67 所示。

图5-67　【加深工具】选项栏

加深时模式的工作原理：

① 用高光模式加深时，被加深的地方饱和度会很低、呈灰色，在曝光度高的情况下，灰色会更明显，看起来会很脏。

② 用阴影模式加深时，被加深的地方饱和度会很高。

③ 用中间调模式加深时，被加深的地方颜色比较柔和，饱和度也比较正常。

（三）海绵工具

【海绵工具】的作用是改变局部的色彩饱和度，可选择减少饱和度（去色）或增加饱和度（加色），选择此工具，其工具选项栏显示如图 5-68 所示。

图5-68　【海绵工具】选项栏

【海绵工具】的使用效果如图 5-69 所示的船体部分。流量越大效果越明显，开启喷枪方式可在一处持续产生效果。注意，如果在灰度模式的图像（不是 R G B 模式中的灰度）中操作，将会产生增加或减少灰度对比度的效果。

(a)   (b)   (c)

图5-69 【海绵工具】使用后的效果对比图

（四）模糊工具

【模糊工具】是将涂抹的区域变得模糊，模糊有时候是一种表现手法，将画面中其余部分作模糊处理，就可以凸现主体。注意，【模糊工具】的操作类似于喷枪的可持续作用，即鼠标在一个地方停留时间越久，这个地方被模糊的程度就越大，如图 5-70 所示。

(a)   (b)

图5-70 【模糊工具】使用后的效果对比图

（五）锐化工具

【锐化工具】的作用和【模糊工具】正好相反，它是将画面中模糊的部分变得清晰，强化色彩的边缘，但过度使用会造成色斑，因此，在使用过程中应选择较小的强度并小心使用。另外，锐化工具在使用中不带有类似喷枪的可持续作用性，在一个地方停留并不会加大锐化程度，不过在一次绘制中反复经过同一区域则会加大锐化效果，如图 5-71 所示。

(a)   (b)

图5-71 【锐化工具】使用后的效果对比图

（六）涂抹工具

利用【涂抹工具】可以改变图像像素的位置，破坏图像的完整结构，以得到特殊的效果，如图 5-72 所示。

图5-72 【涂抹工具】使用后的效果对比图

（七）历史记录画笔工具

【历史记录画笔工具】可以将图像恢复到编辑过程中的某一步骤状态，或者将部分图像恢复为原样。

打开一张素材图像，单击【图像】/【调整】/【去色】命令，将图像去色，单击工具箱中【历史记录画笔工具】按钮，在该选项栏中设置画笔大小，然后在图像上进行涂抹，恢复局部色彩，如图 5-73 所示。

（八）历史记录艺术画笔工具

【历史记录艺术画笔工具】使用指定的历史记录或快照中的源数据，通过使用不同的绘画样式、大小和容差选项，可以用不同的色彩和艺术风格模拟绘画的纹理。

单击工具箱中的【历史记录艺术画笔工具】按钮，其选项栏如图 5-74 所示。

(a) 原图   (b) 去色   (c) 恢复局部色彩

图5-73 【历史记录画笔工具】使用后的效果对比图

图5-74 【历史记录艺术画笔工具】选项栏

【小结】

本任务主要讲解【加深工具】和【减淡工具】，在一般的修饰图像中常常用来制作图像的立体感，是一组比较简单好用的工具。另外，还讲解了模糊、锐化、涂抹、海绵工具组，这些工具操作都较为简单，但也常常可以带来意想不到的效果。

项 目 实 训

项目实训一 制作海市蜃楼

将图 5-75 制作成图 5-76 所示的效果。

图5-75 原始图片

图5-76 制作完成图

练习要点：将物体先抠出，使用【修复画笔工具】、【橡皮擦工具】、【仿制图章工具】、【减淡工具】等制作出海市蜃楼。

项目实训二 制作立体标志

练习要点：使用【涂抹工具】、【减淡工具】、【加深工具】等制作出立体标志，最终效果如图 5-77 所示。

图5-77　图标效果图

项 目 总 结

本项目围绕修饰图像，深入讲解了【污点修复画笔】、【修复画笔】、【修补】、【内容感知移动工具】、【红眼工具】、【加深】、【减淡】、【模糊】、【锐化】、【涂抹】、【橡皮擦】、【背景橡皮擦】、【魔术橡皮擦】、【图章】等工具在修饰图像中的使用方法。本项目通过两个任务的学习，使读者掌握利用 Photoshop CS6 自带工具修饰图像的技能。

思考与练习

选择题

1. Erase Tool（橡皮擦工具）选项栏中有（　　　）橡皮类型。

  A. Paintbrush（画笔）   B. Airbrush（喷枪）

  C. Line（直线）   D. Block（块）

2. 下列（　　　）滤镜可以减少渐变中的色带。

  A. Filter>Noise（杂色）   B. Filter>style>Diffuse

  C. Filter>Distort>Displace   D. Filter>Sharpen>USM

3. 如何使用橡皮图章工具在图像中取样（　　　）。

  A. 在取样的位置单击鼠标并拖拉

  B. 按住【Shift】键的同时单击取样位置来选择多个取样像素

  C. 按住【Alt】键的同时单击取样位置

  D. 按住【Ctrl】键的同时单击取样位置

4. 下面（　　）工具选项可以将 Pattern（图案）填充到选区内。

    A. 画笔工具　　　　B. 图案图章工具　　　C. 橡皮图章工具　　　D. 喷枪工具

5. 对模糊工具功能的描述（　　）是正确的。

    A. 模糊工具只能使图像的一部分边缘模糊

    B. 模糊工具的压力是不能调整的

    C. 模糊工具可降低相邻像素的对比度

    D. 如果在有图层的图像上使用模糊工具，只有所选中的图层才会起变化

6. 快速复制选区内的图像，快捷键是（　　）。

    A. 按住【Ctrl+J】键　　　　　　　　　B. 按住【Alt+J】键

    C. 按住【Ctrl】键　　　　　　　　　　D. 按住【Ctrl+Alt】键

7. 当编辑图像时，使用减淡工具可以达到（　　）目的。

    A. 使图像中某些区域变暗　　　　　　　B. 删除图像中的某些像素

    C. 使图像中某些区域变亮　　　　　　　D. 使图像中某些区域的饱和度增加

8. 下面（　　）工具可以减少图像的饱和度。

    A. 加深工具　　　　B. 减淡工具　　　　　C. 海绵工具　　　　　D. 模糊工具

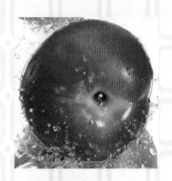

项目六

路径与形状

背景说明

在 Photoshop 中，使用路径可以帮助用户绘制很多复杂造型的图像，这就需要掌握多种路径工具的运用。本项目主要介绍了如何创建路径、编辑路径、路径与选区间的转换，以及为路径填色及描边的操作方法。本项目通过3 个任务的学习，使读者掌握路径、钢笔工具、形状工具等工具的一些基本概念和应用。

学习目标

知识目标：路径工具组的概念和使用方法。

技能目标：学会使用钢笔、形状工具，能编辑路径和使用路径工具绘图和抠图。

重点与难点

重点：路径与形状工具。

难点：运用路径工具绘制形状和选择图形。

更多惊喜

任务一 制 作 纸 杯

【知识要点】

【矩形工具】 ■：可以绘制出矩形、正方形的路径或形状。

【椭圆工具】 ●：可绘制圆形和椭圆形的路径或形状。

【多边形工具】 ●：可以绘制等边多边形，如等边三角形、五角星和星形。

【路径选择工具】 ▶：可以对路径进行移动、组合、对齐和变形等操作。

【直接选择工具】 ▶：调整路径中的锚点和线段。

【任务目标】

学习使用不同的形状工具绘制图形，并使用相关命令对图形进行调整。

【操作步骤】

01 单击【文件】/【新建】命令，新建一个名称为【纸杯】、大小为 500×700 像素、分辨率为 72 dpi、背景颜色为白色的文件，如图 6-1 所示。

图6-1 【新建】文件对话框

02 单击新建图层按钮 ▣，新建一个空白图层为【杯身】，如图 6-2 所示，在工具箱中单击【矩形工具】按钮 ■，在工具选择栏中选择路径，如图 6-3 所示。

图6-2 新建图层

图6-3 设置工具栏

03 绘制一个长方形路径，再选择【椭圆工具】 ●，在长方形下边绘制一个和长方形同宽的椭圆路径，选择【路径选择工具】 ▶，调整它们的位置，如图 6-4 所示，同时选中两个图形，选择工具栏中绘图模式里的【合并形状组件】，合并后效果如图 6-5 所示。

<table>
<tr><td>（a）</td><td>（b）</td></tr>
</table>

图6-4　绘制路径　　　　　　　　　　　　图6-5　合并后的效果

04　在工具箱中选择【直接选择工具】，按住【Shift】键，单击黑色锚点使其变成开放
式路径，再向两边拖动锚点，如图 6-6 所示。

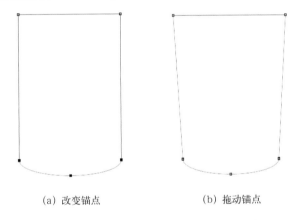

（a）改变锚点　　　　　　　　　（b）拖动锚点

图6-6　使用【直接选择工具】编辑图形

05　选中图形并右击，在弹出的快捷菜单中选择【填充路径】，如图 6-7 所示，弹出【填
充路径】对话框，【使用】选择颜色 R=253、G=209、B=76，单击【确定】按钮，效果如图 6-8
所示。

图6-7　选择【填充路径】　　　　　　　　　图6-8　填充颜色

06 单击【直接选择工具】按钮 ，调整图形形状如图 6-9 所示，选中图形并右击，在弹出的快捷菜单中选择【填充路径】，填充颜色选择白色 R=255、G=255、B=255，如图 6-10 所示。

图6-9　调整图形形状　　　　　　图6-10　填充颜色

07 选择【椭圆工具】 画一个椭圆路径，复制椭圆路径，选中其中一个椭圆路径并右击，在弹出的快捷菜单中选择【自由变换路径】，如图 6-11 所示，按住【Alt】键缩小椭圆，用【路径选择工具】 同时选中两个椭圆，单击工具选项框中的【路径对其方式】按钮 ，选择【水平居中】和【垂直居中】。

08 在工具选项栏【路径操作】 选项中，选择【排除重叠形状】 ，设置【填充路径】颜色为白色 R=255、G=255、B=255，效果如图 6-12 所示。在工具箱中选择【矩形工具】 ，在圆环上绘制矩形形状，设置【填充路径】颜色为 R=253、G=209、B=76，描边为 R=255、G=255、B=255，效果如图 6-13

图6-11　选择【自由变换路径】

所示，选中矩形并右击，选择【自由变换路径】，在工具选项栏上单击【自由变换模式】按钮 ，选择【变形】为 旗帜，调整大小与方向使其效果如图 6-14 所示。

图6-12　绘制圆环　　　　图6-13　绘制矩形形状　　　　图6-14　变形后的效果

09 选择【横排文字工具】 ，编辑大小为 30，字体为华文琥珀，颜色为黑色，输入文字【juice】，选择【文字】，在文字工具选项栏上单击【创建文字变形】按钮 ，弹出【变形文字】对话框，调整文字的位置如图 6-15 所示。

（a）【变形文字】对话框　　　　　　（b）调整文字的位置

图6-15　使用【文字工具】编辑文字

⑩　选择【多变形工具】 ⬡ ，在工具选项栏中选择【星形】复选框，如图 6-16 所示，在圆环上绘制五角星，填充色设置为 R=253、G=209、B=76，利用【路径选择工具】调整位置，效果如图 6-17。

⑪　用【魔术工具】 ✦ 选择纸杯的外形，新建【图层 1】，选择【渐变工具】 ▭ ，弹出【渐变编辑器】对话框，其参数设置如图 6-18 所示，单击【线形渐变】按钮 ▭ ，对选区进行渐变填充，效果如图 6-19 所示，图层混合模式选择【正片叠底】使纸杯有立体效果，如图 6-20 所示。

图6-16　设置选项框

图6-17　绘制星形效果

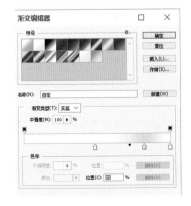

图6-18　【渐变编辑器】对话框

图6-19　填充渐变色

图6-20　选择【正片叠底】的效果

⑫ 新建【杯口】图层，用【椭圆选框工具】⬭绘制纸杯口，使其调整到合适的大小，并填充渐变色，复制图层"杯口"两次，调整复制图形的大小，并进行渐变填充，效果如图 6-21 所示，最后进行组合，用【椭圆选框工具】绘制阴影，最终效果图如图 6-22 所示。

图6-21　填充渐变色

图6-22　最终效果图

【知识要点学习】

（一）矩形工具

使用【矩形工具】可以绘制矩形和正方形，在画布中单击并拖动鼠标即可创建图形。单击工具箱中的【矩形工具】按钮，其选项栏如图 6-23 所示。在选项栏中可以设置矩形的创建方法。

(a)

(b)

(c)

图6-23　【矩形工具】选项栏

（1）绘图方式选择区：每个形状工具都提供了特定的选项，但在选项栏左边都提供了 3 种不同的绘图方式，如图 6-24 所示。各项功能如下。

①【形状】：在绘制图形的同时建立一个形状图层，形状内将填充前景色。

②【路径】：可以直接绘制路径，但不会自动建立一个图层。

③【像素】：在绘制形状时不会建立路径，也不会建立一个形状图层，但会在当前图层中绘制一个由前景色填充的形状。

（2）路径操作区：该区中的各个按钮与选区工具对应工具属性栏中的各个选项含义相同，

可以实现形状的合并、相减或交叉等效果，如图 6-25 所示。

① 【建新图层】 ：选中该选项，表示用户的每次操作都将创建一个新的形状图层。

② 【合并形状】 ：选中该选项，将新创建的路径或形状添加到当前的路径或图形中。

③ 【减去顶层形状】 ：选中该选项，将从新路径或图形中去掉与原有的路径或图形相交集的区域。

④ 【与形状区域相交】 ：选中该选项，保留新创建的路径或形状与原有的路径或图形相交集的区域。

⑤ 【排除重叠形状】 ：该选项的功能与上述选项相反，将新建图像或路径与原有路径或图形的交集去掉，取两者剩下的部分。

【合并形状组件】 ：选中该选项，合并两个形状或路径。

图6-24　3 种绘图方式　　　　图6-25　路径操作区

（3）工具选项区：单击工具选项区按钮 ，弹出当前所选择工具的选项面板，在面板中可以设置绘制具有固定大小和比例的矩形形状或路径，如图 6-26 所示。

选项组各个选项的含义如下：

① 选中【不受约束】单选按钮，则图形比例和大小不受约束。

② 选中【方形】单选按钮，则绘制出正方形。

③ 选中【固定大小】单选按钮后，可以约束矩形的宽度和高度。

④ 选中【比例】单选按钮后，可以约束矩形的宽度和高度的比例。

⑤ 选中【从中心】复选框，即所绘制的矩形将以鼠标按下位置为绘制的中心点向四周扩展。

⑥ 选中【对齐边缘】复选框，则可将矩形或圆角矩形的边缘对齐像素边界。

（4）绘图样式：单击右边控制面板中的【样式】菜单，如图 6-27 所示，从中可以选择一种样式图标（ 表示无样式），在绘制形状时可应用于生成的形状之中。

（5）路径对齐方式：在绘图方式为路径时，单击【路径对齐方式】按钮 ，从中可以选择各种对齐方式，如图 6-28 所示。

图6-26　【矩形工具】选项面板　　　　图6-27　【样式】面板　　　　图6-28　路径对齐选项框

（二）圆角矩形工具

【圆角矩形工具】使用方法与【矩形工具】相似，只要在工具箱中选择【圆角矩形工具】，按上述方法进行操作，就可以绘制出圆角矩形。两者区别是，【圆角矩形工具】的工具选项栏多了一个【半径】选项，用于控制圆角矩形 4 个角的圆滑程度，数值越大，所绘制矩形的 4 个角越圆滑。若将【半径】的数值设为 0，则【圆角矩形工具】就和【矩形工具】的作用一样。图 6-29 就是设置不同半径后绘制的不同形状的效果。

(a) 半径为0　　　　　　　(b)【半径】为50　　　　　　　(c)【半径】为100

图6-29　使用【圆角矩形工具】绘制的不同形状的效果

（三）椭圆工具

【椭圆工具】用于绘制圆形和椭圆形的路径或形状，其使用方法和工具选项栏设置都与【矩形工具】基本相同，如图 6-30 所示为用【椭圆工具】绘制的不同形状的效果。

(a)　　　　　　　　　　　　　　　　　(b)

图6-30　使用【椭圆工具】绘制的不同形状的效果

（四）多边形工具

使用【多边形工具】可以绘制等边多边形，如等边三角形、星形等。【多边形工具】的工具选项栏如图 6-31 所示。【多边形工具】的工具选项可以设置所绘制的多边形边数，范围为 3 ~ 100，当边数为 100 时，绘制出来的形状是一个圆。单击"工具选项"■按钮，可打开"多边形工具"选项组，其各选项功能如下。

（1）【半径】：用于指定多边形半径的数值。

（2）【平滑拐角】：选中此复选框，可以平滑多边形的拐角。

（3）【星形】：用于设置并绘制星形，选中该复选框后，可以对【缩进边依据】和【平滑缩进】选项进行设置。

　①【缩进边依据】用于设置星形缩进所用的百分比。

　②【平滑缩进】用于平滑多边形的凹角。

【多边形工具】的不同设置绘制的图形效果如图 6-32 所示。

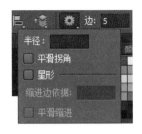

图6-31　【多边形工具】选项栏　　　　　　图6-32　【多边形工具】不同设置绘制的效果

（五）直线工具

使用【直线工具】可以绘制直线、箭头的形状和路径。【直线工具】选项栏如图 6-33 所示。绘制直线时，可以在选项栏中的【粗细】文本框设置线条的宽度，数值范围为 1 ～ 1 000 像素，数值越大，绘制出来的线条越粗。通过在【箭头】选项组进行设置，【直线工具】可以绘制各种各样的箭头。【箭头】面板中各个选项的具体含义如下。

（1）【起点】：在起点位置绘制箭头，如图 6-34 所示。

（2）【终点】：在终点位置绘制箭头，如图 6-34 所示。

（3）【宽度】：设置箭头宽度，范围在 10% ～ 1000% 之间。

（4）【长度】：设置箭头长度，范围在 10% ～ 1000% 之间。

（5）【凹度】：设置箭头凹度，范围在 −50% ～ 50% 之间，设置不同的箭头凹度值的箭头效果如图 6-35 所示。

 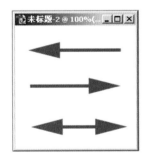 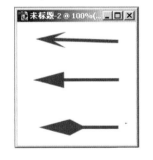

图6-33　【直线工具】选项栏　　图6-34　设置起点和终　　图6-35　设置不同的箭头凹度值
　　　　　　　　　　　　　　　　　　　　点的箭头效果　　　　　　　　的箭头效果

 小提示

　　按住【Shift】键，在用【直线工具】绘图时，可以绘制水平或垂直的直线。

（六）自定义形状工具

使用【自定义形状工具】可以绘制系统自带的不同形状，如人物、花卉、动物等，大大简化了用户绘制复杂形状的难度，绘制自定义形状的方法为选择【自定义形状工具】并在工具栏的【形状】下拉列表框中选择一种形状，并设置【使用样式】、【绘制方式】和【颜色】等参数，在图像窗口单击并拖动鼠标绘制即可，如图 6-36 所示。

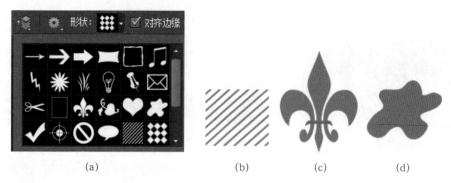

(a)   (b)   (c)   (d)

图6-36　【自定义形状工具】选项栏及其绘制的形状

（七）路径选择工具

【路径选择工具】主要用来选择和移动整个路径，使用该工具选择路径后，路径的所有锚点为选中状态且为实心方点，可直接对路径进行移动操作，如图 6-37 所示。

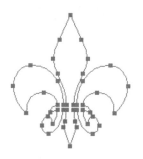

图6-37　使用【路径选择工具】移动路径

（八）直接选择工具

使用【直接选择工具】选择路径，不会自动选中路径中的锚点，锚点为空心状态，如图 6-38 所示。将相应的锚点选中，即可移动它们的位置。

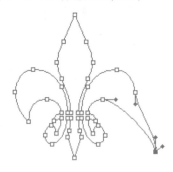

图6-38　使用【直接选择工具】移动路径

【小结】

本任务通过绘制纸杯，学习了路径调整命令和工具的基本使用方法。

任务二　绘　制　标　志

【知识要点】

【钢笔工具】 ：建立路径的基本工具，可以使用【钢笔工具】创建或编辑直线、曲线或自由线条及形状，也可以使用【钢笔工具】选择图形和图像。

【自由钢笔工具】 ：不是通过建立节点来建立路径，而是用于随意绘图，就像用铅笔在纸上绘图一样。

【添加锚点工具】 ：用于在路径上添加新的锚点。

【删除锚点工具】 ：用于在路径上删除锚点。

【转换点工具】 ：用【转换点工具】单击或拖动锚点可将其转换成直线锚点或曲线锚点，拖动锚点上的调节手柄可以改变线段的弧度。

【任务目标】

学习使用【钢笔工具】组绘制并调整路径，学会使用【钢笔工具】组进行绘图和抠图。

【操作步骤】

01　新建一个名为【华艺舞美标志】的图像文件，设置其宽度为800像素、高度为800像素，背景色为白色、分辨率100像素／英寸。

02　新建【图层1】，选择【钢笔工具】 ，选择【路径绘图方式】，绘制具有4个锚点的图形，边缘不平滑的地方用【转换点工具】 修改，如图6-39所示。

> 小提示
>
> 使用【钢笔工具】绘制路径的原则是锚点越少越好，尽量用较少的锚点来表现图形，不仅有利于编辑，也使曲线更加平滑。

03　选中路径并右击，在弹出的快捷菜单中选择【填充路径】，对话框设置如图6-40所示，颜色设置为R=253、G=56、B=190。

图6-39　绘制 4 个锚点的图形　　　　　　图6-40　【填充路径】对话框

04 运用同样的方法绘制出剩下的图形，用【路径选择工具】调整图形的位置，得到如图6-41所示的效果。选择【椭圆工具】 ，绘图方式为【图形】，画一个白色的正圆，如图6-42所示。

05 新建【图层2】，选择【钢笔工具】绘制路径，填充颜色为R=194、G=226、B=119，效果如图6-43所示。

06 在【图层】面板中双击【图层1】和【图层2】，在【图层样式】里选择投影，【图层样式】对话框设置如图6-44所示，加入投影后图形具有立体感，效果如图6-45所示。

图6-41 用【钢笔工具】绘制图形　　　图6-42 【椭圆工具】绘制圆形　　　图6-43 绘制路径的效果

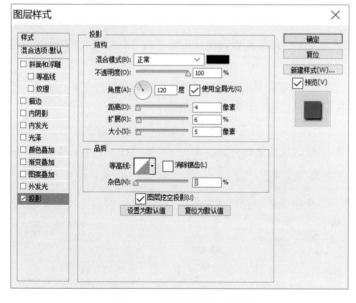

图6-44 【图层样式】对话框　　　　　　　　　　　图6-45 立体效果

07 选择【横排文字工具】 输入文字【华艺舞美】，单击【切换字符和段落面板】按钮，【字符】控制面板的参数设置如图6-46所示。

08 选中【文字】图层并右击，在弹出的快捷菜单中选择【转换为形状】，如图6-47所示，使文字转换为带路径的形状，如图6-48所示。

09 选中文字，使用【删除锚点工具】 单击锚点，删除多余的锚点，再用【钢笔工具】 绘制三角形，效果如图 6-49 所示。

(a)　　　　　　　　　　(b)

.　　图6-46　使用【横排文字工具】编辑文字

图6-47　选择【转换为形状】　　　　　图6-48　文字转换为带路径的形状

(a)　　　　　　　　　　　　　　　(b)

图6-49　删除锚点、添加三角形的效果

小提示

还需要运用【添加锚点工具】 和【转换点工具】 进行调整文字边缘为直线，用【直接选择工具】 改变笔画的位置和宽度。

⑩ 选择【横排文字工具】**T**，在中文下面输入文字【HuaYiWuMei】，在【字符】控制面板中编辑文字如图 6-50 所示，并调整标志的位置，最后完成效果如图 6-51 所示。

(a)   (b)

图6-50　编辑字母

图6-51　完成效果图

【知识要点学习】

（一）路径

路径由一个或多个直线段或曲线段组成。锚点标记路径段的端点。在曲线段上，每个选中的锚点会显示两个控制手柄，控制手柄以方向点结束。方向线和方向点的位置决定曲线段的大小和形状，移动这些图素将改变路径中曲线的形状。

（二）锚点

锚点分为两种，一种为角落点，一种为平滑点，如图 6-52 所示，可以运用【转换点工具】**N**进行互换。平滑点会有控制点控制其连接曲线的平滑度。

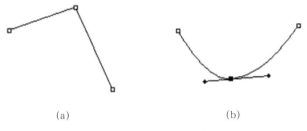

(a)   (b)

图6-52 锚点的类型

路径可以是闭合的，没有起点或终点（例如，圈）；也可以是开放的，有明显的终点（例如，波浪线），如图 6-53 所示。平滑曲线称为平滑点的锚点连接，锐化曲线路径由角点连接。

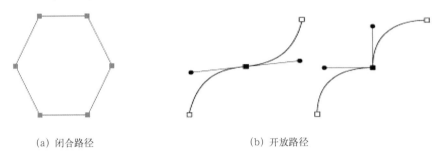

(a) 闭合路径   (b) 开放路径

图6-53 两种连接类型

当在平滑点上移动方向线时，将同时调整平滑点两侧的曲线段。相比之下，当在角点上移动方向线时，只调整与方向线同侧的曲线段 ，如图 6-54 所示。

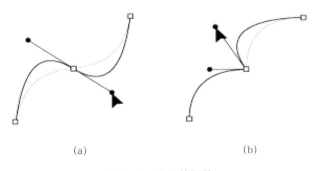

(a)   (b)

图6-54 曲线的调整

（三）钢笔工具

【钢笔工具】是建立路径的基本工具，可以绘制出任意形状的路径。【钢笔工具】与【形状工具】组合使用可以创建复杂的形状。对于大多数用户而言，【钢笔工具】提供了最佳的绘图控制和最高的绘图准确度。选择【钢笔工具】绘制路径时，在工具选项栏上将显示有关【钢笔工具】的属性，如图 6-55 所示。

图6-55 【钢笔工具】选项栏

（1）绘制直线路径：工具选项栏中选中【路径】，绘制的将是路径；如果选中【形状】，将绘制出形状图层。新建一个文件，在图像中任意位置单击，创建一个锚点，将鼠标移动到其他位置再次单击，创建第二个锚点，两个锚点之间自动以直线进行连接，如图6-56所示。再将鼠标移动到其他位置单击，创建第三个锚点，而系统将在第二个和第三个锚点之间生成一条新的直线路径，如图6-57所示。最后将鼠标移动到第一个位置并单击，形成闭合的路径，如图6-58所示

图6-56　创建两个锚点　　　　图6-57　创建三个锚点　　　　图6-58　形成闭合的路径

（2）绘制曲线路径：通过沿曲线伸展的方向拖移【钢笔工具】可以创建曲线。

将指针定位在曲线的起点，并按住鼠标按钮，此时会出现第一个锚点，向绘制曲线段的方向拖移指针。按住【Shift】键，将工具限制为45°角的倍数，完成第一个方向点的定位后，松开鼠标，方向线的长度和斜率决定了曲线段的形状，之后可以调整方向线的一端或两端，如图6-59所示。沿曲线方向拖移可设置第一个锚点，向相反方向拖移可完成曲线段。将指针定位在曲线段的终点，并向相反方向拖移可完成曲线段，如图6-60所示。

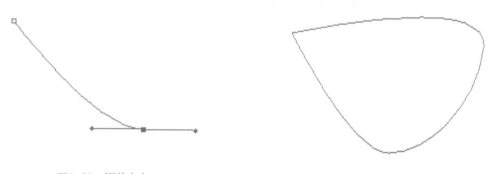

图6-59　调整方向　　　　　　　　图6-60　形成闭合曲线段

小提示

（1）在创建曲线时，总是向曲线的隆起方向拖移第一个方向点，并向相反的方向拖移第二个方向点。同时向一个方向拖移两个方向点将创建"S"形曲线。

（2）在绘制平滑曲线时，一次绘制一条曲线，并将锚点置于每条曲线的起点和终点，而不是曲线的顶点。

（3）要减小文件并减少可能出现的打印错误，要尽可能使用较少的锚点，并尽可能将它们分开放置。

（四）自由钢笔工具

【自由钢笔工具】不是通过建立节点来建立路径，而是用于随意绘图，就像画笔工具一样。在绘图时，将自动添加锚点，无须确定锚点的位置，完成路径后可进一步对其进行调整。【自由钢笔工具】的工具选项栏如图6-61所示。

图6-61　【自由钢笔工具】选项栏

在该选项中除了可以设置上面介绍的属性，还可以选择【磁性的】复选框，选中它表明【自由钢笔工具】具有【磁性】。它可以绘制与图像中定义区域的边缘对齐的路径。【磁性钢笔】的使用方法类似于【磁性套索工具】，自由绘制的效果如图6-62所示，磁性绘制的效果如图6-63所示。

图6-62　自由绘制的效果

图6-63　磁性绘制的效果

（五）添加锚点工具

选择【添加锚点工具】，并将箭头放在要添加锚点的路径上（箭头旁会出现加号）如图6-64所示。

（1）要添加锚点但不更改线段的形状，请点按路径。

（2）要添加锚点并更改线段的形状，请拖移以定义锚点的方向线。

（六）删除锚点工具

选择【删除锚点工具】，并将指针放在要删除的锚点上（指针旁会出现减号）。

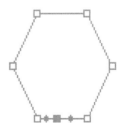

图6-64　添加锚点

（1）点按锚点将其删除，路径的形状重新调整以适合其余的锚点，如图6-65所示。

（2）拖移锚点将其删除，线段的形状随之改变。

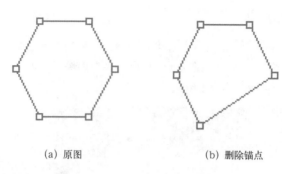

(a) 原图   (b) 删除锚点

图6-65　删除锚点后的路径形状

（七）转换点工具

用【转换点工具】单击或拖动锚点可将其转换成直线锚点或曲线锚点，拖动锚点上的调节手柄可以改变线段的弧度，如图 6-66 所示。

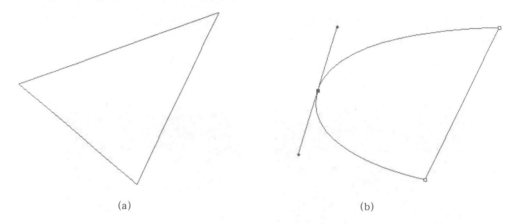

(a)   (b)

图6-66　用【转换点工具】调整锚点将其转换成曲线

【小结】

本任务学习了【钢笔工具】组的使用，了解了在 Photoshop 中绘制直线或曲线的基本方法和技巧，知道了用【钢笔工具】抠图的一般方法。

任务三　制作"金属镶钉效果艺术字"

【知识要点】

【创建新路径】 ▭：单击此按钮可以创建一个新路径。

【删除当前路径】 ▦：在【路径】面板中选择某个路径后单击该按钮可将其删除。

【从选区生成工作路径】 ◌：可将当前选取范围转换为工作路径，该按钮只有在图像中选取了一个范围后才能使用。

　　【将路径作为选区载入】■：可以将当前工作路径转换为选取范围。

　　【用前景色描边路径】●：可以按设置的绘图工具和前景色沿着路径进行描边。

【任务目标】

　　掌握路径面板的使用方法，会使用【描边路径】、【填充路径】、【转换路径】等选项来进行相关的制作。

【操作步骤】

01　新建一个图像文件，设置图像宽度为 500 像素，高度为 220 像素；在【颜色模式】下拉列表中选择【RGB 颜色】，并设置背景内容为【白色】，完成后单击【确定】按钮，如图 6-67 所示。

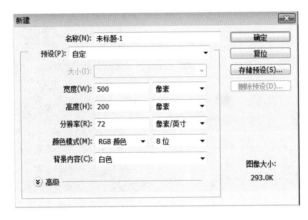

图6-67　【新建】对话框

02　单击【图层】面板中的新建图层按钮■建立一个新图层【图层 1】，如图 6-68 所示。使用【油漆桶工具】●选择填充方式为【图案】如图 6-69 所示，填充【图层 1】。

图6-68　新建一个图层

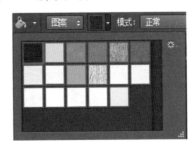

图6-69　【油漆桶工具】选项框

03　新建图层【图层 2】，在工具箱中单击【文字工具】图标，在弹出的面板中选择【横排文字蒙版工具】■，设置为黑体字、300 大小、前景色为 R=252、G=203、B=35，单击窗口输入文字【STYLE】并且调整到合适位置后单击【图层】面板中的【图层 2】，得到如图 6-70 所示的效果。

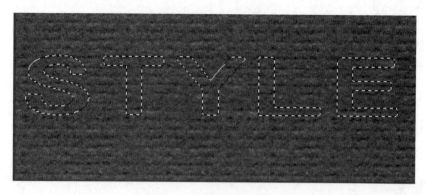

图6-70　书写【STYLE】

04 保持文字选区状态不变，单击【选择】／【修改】／【扩展】命令，在弹出的对话框中，将【扩展量】设置为3像素，然后单击【确定】按钮，此时【图层】窗口中的文字选区范围被扩大，如图 6-71 所示。

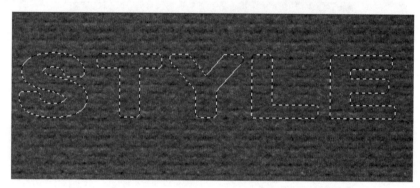

图6-71　文字选区被扩大

05 单击【路径】控制面板，单击面板右上方的 按钮，在弹出的菜单中选择【建立工作路径】命令，在弹出的对话框中设置容差为 3 像素，然后单击【确定】按钮。此时图像窗口中的文字选区被转变为工作路径，如图 6-72 所示。

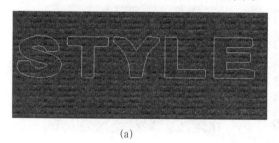

(a)

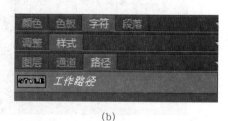

(b)

图6-72　文字选区被转变为工作路径

06 在工具箱中选择【画笔工具】 ，打开【画笔】面板 ，选择【画笔笔尖形状】选项，并在弹出的选项列表中选择【9号方头】画笔，将间距设为160%，其他参数保持不变，如图 6-73 所示。在【路径】面板中单击右上方的 按钮，在弹出的菜单中选择【描边路径】，如图 6-74 所示。

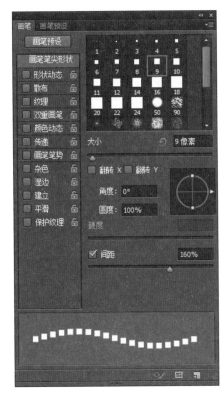

图6-73 【画笔】参数设置

图6-74 选择【描边路径】

07 在弹出的【描边路径】对话框中设置工具为【画笔】，然后单击【确定】按钮，如图6-75所示。

08 回到图像窗口中，沿着文字轮廓路径上布满了小方块，如图6-76所示。

图6-75 选择【画笔】描边

图6-76 描边后的效果

09 选择【图层】面板，双击【图层2】弹出【图层样式】对话框，在弹出的对话框中选择【斜面和浮雕】、【投影】两个选项，并在右边设置相应的参数，【斜面和浮雕】选项参数设置：样式为内斜面、方法为雕刻清晰、深度调整为100%、大小为15像素、软化为0像素、高光模式为线性光、不透明度为50%、其他参数保持不变，如图6-77所示。【等高线】选项参数设置为：范围为50%，选中消除锯齿复选框，如图6-78所示。【投影】选项参数设置：混合模式为正片叠底、不透明度为57%、距离为5%，扩展为16%、大小为5%，其他参数保持不变，如图6-79所示，然后单击【确定】按钮。

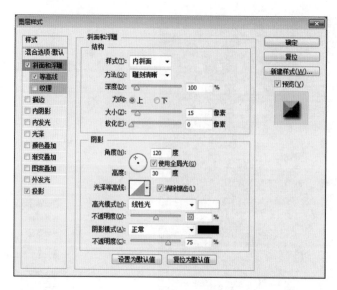

图6-77 【斜面和浮雕】选项参数设置

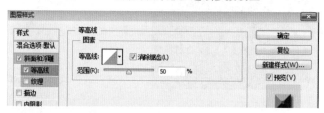

图6-78 【等高线】选项参数设置

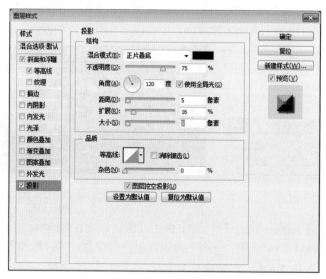

图6-79 【投影】选项参数设置

⑩ 回到图像窗口中,【文字】图层被加入【投影】和【斜面浮雕】效果,如图6-80所示。

图6-80 添加效果后的文字

【知识要点学习】

（一）路径面板

【路径】面板列出了每条存储的路径、当前工作路径和当前矢量蒙版的名称和缩览图像。关闭缩览图可提高性能。要查看路径，必须先在【路径】面板中选择路径名。

（1）要显示【路径】面板，选取该【窗口】，单击【路径】菜单如图6-81所示。

（2）要选择路径，单击【路径】面板中相应的路径名，一次只能选择一条路径。

（3）要取消选择路径，单击【路径】面板中的空白区域或按【Esc】键。

（4）要更改路径缩览图的大小，从【路径】面板菜单中单击【面板】选项，然后选择【大小】或选择【无】关闭缩览图显示。

图6-81 打开【路径】面板

（5）要更改路径的堆叠顺序，在【路径】面板中选择该路径，然后上下拖移该路径，当所需位置上出现黑色的实线时，释放鼠标按钮。

【路径】控制面板中矢量蒙版或工作路径的顺序不能更改。

（二）创建新路径

（1）要创建路径而不命名它，单击【路径】面板底部的【创建新路径】按钮。

（2）要创建并命名路径，请确保没有选择工作路径。从【路径】面板菜单中选择【新建路径】，或按住【Alt】键并点按面板底部的【创建新路径】按钮，在新【路径】对话框中输入路径的名称，并单击【确定】按钮。

（三）保存工作路径

（1）要存储路径但不重命名它，请将工作路径名称拖移到【路径】面板底部的【新路径】按钮。

（2）要存储并重命名路径，请从【路径】面板菜单中选择【存储路径】，然后在【存储路径】对话框中输入新的路径名，并按【确定】按钮。

（四）重命名路径

双击【路径】控制面板中的路径名称，当其成可编辑状态时，键入新的名称，然后按【Enter】键。

（五）删除当前路径

（1）选择要删除的路径，拖移到【路径】控制面板底部的【删除当前路径】按钮▥上。

（2）选择要删除的路径，单击控制面板底部【删除当前路径】按钮▥，然后单击【是】按钮。

（3）右击要删除的路径，在弹出的快捷菜单中选择【删除路径】。

（六）填充路径

填充路径是指用指定的颜色或图案填充路径包围的区域，其操作方法有两种：

（1）使用【用前景色填充路径】▣工具，首先新建一个路径，设置前景色，单击【路径】面板上的▣按钮，用前景色进行填充，效果如图 6-82 所示。

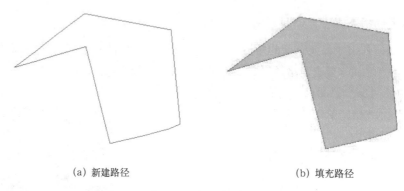

(a) 新建路径　　　　　　　　　　　　　　　(b) 填充路径

图6-82　使用【用前景色填充路径】工具

（2）在【填充路径】对话框中，从【路径】控制面板中选中要填充的路径并右击，在弹出的快捷菜单中选择【填充路径】，弹出【填充路径】对话框，此时用户可对路径进行相应的填充。如果所选路径是路径组件，此命令将更改为【填充子路径】。

（七）从选区生成工作路径

新建一个文件，使用【套索工具】任意建立一个选区，单击【路径】面板上的▣按钮，将选区生成工作路径，效果如图 6-83。

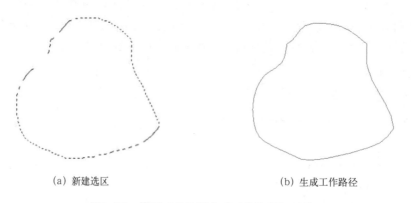

(a) 新建选区　　　　　　　　　　　　　　　(b) 生成工作路径

图6-83　使用【从选区生成工作路径】工具

（八）将路径作为选区载入

新建一个文件，使用【钢笔工具】任意建立一个路径，单击【路径】面板上的▇按钮，将路径转化为选区，效果如图6-84所示。

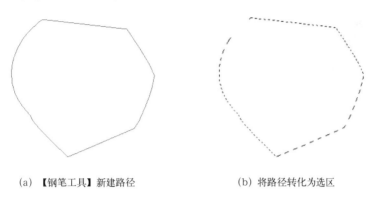

(a)【钢笔工具】新建路径　　　　　(b) 将路径转化为选区

图6-84　使用【将路径作为选区载入】工具

 小提示

将路径转化为选区，也可以直接使用【Ctrl+Enter】组合键。

（九）描边路径

使用描边路径可以沿着路径绘制图像或修饰图像，其操作方法有两种：

（1）使用【用画笔描边路径】◉工具，新建一个文件，使用【钢笔工具】任意建立一个路径，【画笔】参数设置完成后，单击【路径】面板上的◉按钮，用画笔描边路径描边，效果如图6-85所示。

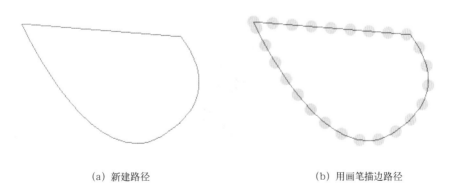

(a) 新建路径　　　　　　　(b) 用画笔描边路径

图6-85　使用【用画笔描边路径】工具

（2）在【描边路径】对话框中，使用【钢笔工具】，在图像中创建路径，右击路径缩略图，在弹出的快捷菜单中选择【描边路径】，弹出【描边路径】对话框，选择【工具】选项下拉列表中的【画笔】工具，设置好相关属性后，单击【确定】按钮，描边路径的效果如图6-86所示。

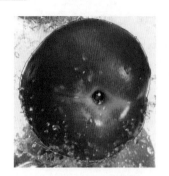 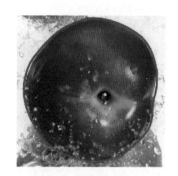

(a) 创建路径　　　　　　　　　　　　　　(b) 对路径进行描边

图6-86　描边路径的效果

（十）添加蒙版

通过路径建立的蒙版是矢量蒙版，矢量蒙版的优点是可以用路径工具对蒙版进行精细调整，就是外形的精确调整，但无透明度。

【小结】

本任务主要学习了【路径】面板中的各项命令，并通过一个具体的实例讲解了这些命令的应用。

项 目 实 训

项目实训一　设计音乐海报

实训要点：使用【钢笔工具】、【画笔工具】绘制装饰线条；使用【自定义形状工具】绘制线条、音符；使用【渐变工具】装饰图片；使用【描边】命令添加效果。最终效果如图 6-87 所示。

图6-87　音乐海报效果

项目实训二 绘制星巴克标志

实训要点：练习使用【钢笔工具】、【形状工具】以及一些基本工具、命令的使用，最终效果参考图6-88。

图6-88 星巴克标志效果图

项 目 总 结

本项目主要介绍了路径的绘制、编辑方法，以及图形的绘制与应用技巧。通过本项目的学习，可以快速地绘制所需路径，并对路径进行修改和编辑，还可应用绘图工具绘制出系统自带的图形，提高了图像制作的效率。

思考与练习

选择题

1. 使用【钢笔工具】可以绘制最简单的线条是（　　　）。

    A. 直线　　　　　　　　B. 曲线　　　　　　　　C. 锚点　　　　　　　　D. 像素

2. 在路径曲线线段上，方向线和方向点的位置决定了曲线段的（　　　）。

    A. 角度　　　　　　　　B. 形状　　　　　　　　C. 方向　　　　　　　　D. 像素

3. 当将选项区转换为路径时，所创建的路径的状态（　　　）。

    A. 工作路径　　　　　　　　　　　　　　　B. 开发的子路径

    C. 剪贴路径　　　　　　　　　　　　　　　D. 填充的子路径

4. 当单击【路径】面板下方【Stroke Path】（用前景色描边路径）图标时，若想弹出选择描边工具的对话框，同时按住下列（　　　）键。

    A. 【Shift】　　　　　　　　　　　　　　　B. 【Alt】

    C. 【Ctrl】　　　　　　　　　　　　　　　D. 【Shift+Ctrl】组合键

5. 在按住（　　　）功能键的同时单击【路径】面板中的填充路径图标，会弹出【Fill Path】（填充路径）对话框。

    A. 【Shift】   B. 【Alt】

    C. 【Ctrl】   D. 【Shift+Ctrl】组合键

6. 在按住【Alt】键的同时，使用（　　　）工具将路径选择后，拖拉该路径会将该路径复制。

    A. 【钢笔工具】   B. 【自由钢笔工具】

    C. 【直接选择工具】   D. 【移动工具】

7. 裁切路径命令对话框中的平滑度是用来定义（　　　）。

    A. 定义曲线由多少个节点组成

    B. 定义曲线由多少个直线片段组成

    C. 定义曲线由多少个端点组成

    D. 定义曲线边缘由多少像素组成

项目七

奇妙的图层

 背景说明

图层是 Photoshop 最为核心的功能之一，它可以将组合图像中的不同部分单独进行存放。可以通过设置不同的位置、大小、透明度、图层样式和图层混合模式等属性来制作千变万化的图像合成效果。本项目通过 3 个任务的学习，使读者掌握图层的基本操作，能对图层样式和混合模式灵活使用。

学习目标

知识目标：学习图层的基本操作，图层的样式和混合模式的综合使用。

技能目标：能灵活使用图层的基本属性、图层样式及混合模式的各项设置来制作一些特殊效果。

重点与难点

重点：图层基本操作、图层样式和混合模式的应用及图层菜单的常用命令。

难点：图层样式和混合模式的综合应用。

更 多 惊 喜

任务一 制作生肖图片

【知识要点】

【选择图层】 要对某个图层进行编辑，需要先选定该图层。

【显示和隐藏图层】 可以控制当前图层中的显示与隐藏状态。

【创建新图层】 用于创建一个新的图层。

【复制图层】 可以在一个图像内复制图层，也可以在不同文件中复制图层。

【删除图层】 删除无用的图层。

【合并图层】 可以将两个或两个以上的图层合并成一个图层。

【任务目标】

了解图层的属性，学习和掌握图层的选择、创建、显示、隐藏、复制、删除，以及图层的不透明度的设置，并掌握各种图层的合并方式。

【操作步骤】

01 单击【文件】／【打开】命令，打开素材，如图 7-1 所示。

图7-1 原始素材图片

02 选择工具箱中的【画笔】，单击工具栏上【切换画笔面板】按钮，弹出【画笔】面板对话框，选择【画笔笔尖形状】选项，设置画笔大小为 19、间距为 150%、画笔颜色为白色。如图 7-2 所示。

03 在素材图 7-1 中画出点状边框。按住【Shift】键的同时拖动鼠标，可以绘制直线，效果如图 7-3 所示。

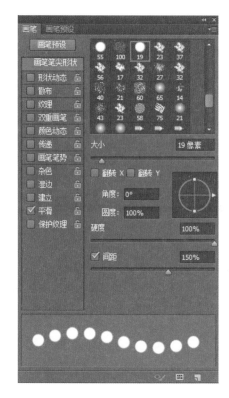

图7-2　【画笔】面板

图7-3　绘制点状边框效果

04　选择工具箱中的【矩形选框工具】 ▦ ，在图像中创建一个矩形选区，注意选区的虚线正好在点状边框的一半上，如图 7-4 所示。

图7-4　创建矩形选区

05　单击【图层】面板的【创建新图层】按钮 ▫ ，创建新图层，系统默认图层名称为【图层 1】如图 7-5 所示。

06　在【图层】面板中选择名为【图层 1】的图层，选择工具箱中的【油漆桶工具】 ▨ ，设置前景色为白色，为矩形选区填充白色，如图 7-6 所示。

图7-5　创建新图层

图7-6　填充白色矩形选区

07 选择工具箱中的【魔棒工具】，单击图像白色选区，则选中整个白色区域。

08 双击【图层】面板中名为【背景】的图层，将【背景】的图层转换成图层名为【图层0】的普通图层，如图 7-7 所示。

图7-7　转换【背景】图层

09 执行【选择】菜单 / 【反向】命令，按【Delete】键，删除图像多余的边缘部分，如图 7-8 所示。

图7-8　删除多余边缘的效果

10 在【图层】面板中，按住【Ctrl】键的同时单击名为【图层 1】的图层，可以获得该图层的图像选区。执行【选择】/【修改】/【收缩】命令，弹出【收缩选区】对话框，设置【收缩量】为 25，如图 7-9 所示。

⓫ 按下【Delete】键，删除中间白色区域，露出该图层下面小牛的画面，如图 7-10 所示。

图7-9 【收缩选区】对话框　　　　　　图7-10 删除白色区域效果

⓬ 选择工具箱中的【文字工具】**T**，单击工具栏上【切换字符和段落面板】按钮，弹出【字符和段落】面板，设置字体为黑体、大小为 68、字符间距为 200、颜色为白色，如图 7-11 所示。

⓭ 在图像中输入竖排文本【中国邮政】，在【图层】面板中会自动创建【文字】图层，效果如图 7-12 所示。

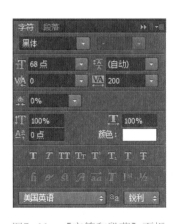

图7-11 【字符和段落】面板　　　　　　图7-12 添加文本后的效果

⓮ 单击【图层】/【合并可见图层】命令，将所有图层合并，如图 7-13 所示。

图7-13 【合并可见图层】命令

⓯ 打开背景素材,用【移动工具】按钮,将做好的邮票拖到背景图像中,完成最后的效果图,如图 7-14 所示。

图7-14 任务一最终效果图

【知识要点学习】

(一)图层的基本类型

(1)普通图层:使用最多的一类图层,这种图层可以通过单击【图层】面板的【创建新图层】按钮来创建,也可以在原文件图像复制时或从其他文件复制图像时产生。普通图层可以用于存放和显示各种图像,透明的部分会以灰白格子的方式显示。

(2)背景图层:是一个比较特殊的图层。在创建新文件、使用白色或者背景色为背景内容时自动产生,在使用各种素材时,也产生背景图层。虽然能在背景图层上绘画和使用滤镜,但是不能更改它的图层顺序和透明度,也不能设置图层混合模式。要想对它进行操作,必须先转换,双击【图层】面板的【背景图层】,弹出【新建图层】对话框,可自己重新命名或者默认系统命名,【背景图层】转换如图 7-15 所示。

(3)文字图层:使用【文字工具】时产生的图层,在【图层】面板显示为大写字母【T】,文字图层在栅格化之前可以对文字的【字体】、【大小】等属性进行设置,如图 7-16 所示。

图7-15 【新建图层】对话框

图7-16 文字图层

（二）图层的基本操作

在【图层】面板中，集中了 Photoshop 大部分与图层相关的常用命令，使用该面板可以快速地对图层进行创建、复制、删除等各种操作。单击【窗口】/【图层】命令，可以弹出【图层】面板，如图 7-17 所示。

图7-17 【图层】面板

（1）创建图层：单击【图层】面板底部的【创建新图层】按钮，便可创建新图层。

（2）显示和隐藏图层：在【图层】面板左侧，可以看到眼睛标志，如果该图标呈灰色小方块就表示隐藏该图层，再次单击则显示眼睛标志，表示显示该图层。

（3）选择图层：选择单个图层，只需在【图层】面板单击该图层，选择多个图层，可以按住【Shift】键选择连续的多个图层，按住【Ctrl】键则选择不连续的多个图层。

（4）复制图层：在同一文件复制图层，可以将一个图层或多个图层选中，拖至【图层】面板底部的【创建新图层】按钮；在不同的文件复制图层，可以使用【移动工具】拖动图层至目标文件，实现复制功能。

（5）删除图层：删除不需要的图层，选定该图层后，单击【图层】面板底部的【删除图层】按钮，完成图层的删除。

（6）合并图层：若是合并多个图层，按【Ctrl】键选择多个图层后，单击【图层】/【合并图层】命令可以完成。

（7）合并可见图层：单击【图层】/【合并可见图层】命令，可以将所有可见的图层合并在一起，注意不包含隐藏的图层。

（8）向下合并图层：若是相邻的两个图层需要合并，先切换到上面的图层中，单击【图层】/【向下合并图层】命令，可以合并两个相邻图层。

（9）设置图层透明度：在【图层】面板可以调节透明度的值，当透明度为 100% 时，当前图层完全遮盖下方的图层，当透明度小于 100% 时，可以隐约显示下方图层的图像，值越小越透明。分别设置【透明度】为 100% 和 35% 的效果，如图 7-18 所示。

(a)

(b)

(c)

图7-18 设置图层【透明度】效果

（10）图层组：图层组是经常会用到的一项功能，它可以对图层进行分类整理，大大提高了操作效率。单击【图层】/【新建】/【组】命令，创建一个新的图层组，或者单击【图层】面板下面的【创建新组】按钮▇，也可以创建默认选项的图层组。选择多个图层，单击【图层】/【图层编组】命令，可以将选定的多个图层编入一个新的组中，如图 7-19 所示。

(a)

(b)

图7-19　设置图层组效果

【小结】

本任务通过邮票的制作，理解 Photoshop 中图层的奇妙之处，能够掌握图层的选择、创建、显示、隐藏、复制、删除，以及图层的不透明度设置等基本操作，理解并掌握各种图层的合并方式。

任务二　制作创意文字

【知识要点】

【投影】　给图像添加背后阴影效果。

【内阴影】　在图像内部添加阴影效果。

【外发光】　使图像边缘产生光晕效果。

【内发光】　使图像内部产生光晕效果。

【斜面和浮雕】　使图像产生各种立体效果。

【等高线】　可以进一步控制产生斜面和浮雕效果的斜面情况。

【纹理】　能够在斜面和浮雕的效果上添加凹凸的纹理效果。

【光泽】　使图像表面产生光泽变化或者暗纹效果。

【颜色叠加】　在图像表面添加一种单一颜色。

【颜色渐变】　在图像表面添加各种渐变颜色。

【图案叠加】　在图像表面填充各种图案。

【描边】　给图像边缘添加各种各样的边框效果。

【任务目标】

图层样式是创建图像特效的重要手段，掌握 Photoshop 的各种各样的样式效果，能够综合运用图层样式的各个选项，创建出具有真实质感的投影、发光、水晶等奇特效果。

【操作步骤】

01 单击【文件】/【新建】命令，弹出【新建】对话框，创建一个名为【创意文字】、宽度和高度是 640*480、分辨率为 72 像素／英寸，颜色模式为 RGB 颜色、背景内容为白色的新文件，如图 7-20 所示。

图7-20 【新建】对话框

02 输入字 Photoshop，颜色是 #00ffff，采用的字体是 "Bauhaus 93"，按【Ctrl+T】组合键可以调整大小，效果如图 7-21 所示。

Photoshop

图7-21 文字效果

03 单击【图层】面板底部的【添加图层样式】按钮 fx，选择【投影】复选项，在弹出的【投影】选项区域中，设置各项属性如图 7-22 所示。

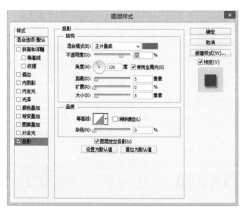

(a)

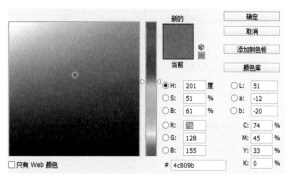

(b)

图7-22 设置投影各项属性

04 选择图层样式【内阴影】复选框，在弹出的【内阴影】选项区域中，设置各项属性如图 7−23 所示。

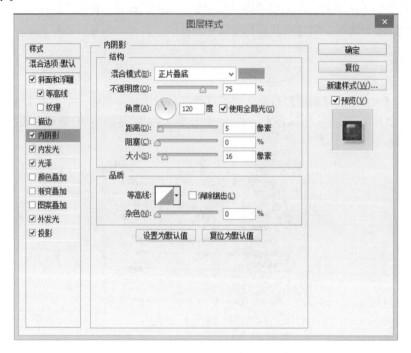

(a)

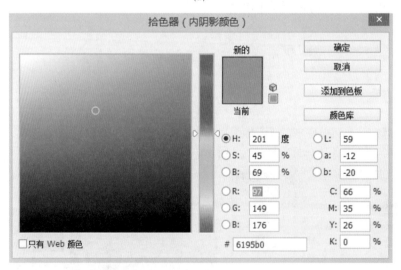

(b)

图7−23 设置【内阴影】各项属性

05 选择图层样式【外发光】复选框，在弹出的【外发光】选项区域中，设置各项属性如图 7−24 所示。

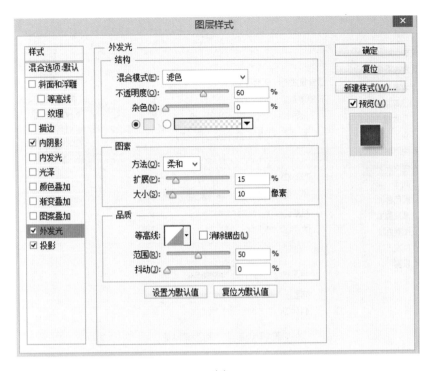

(a)

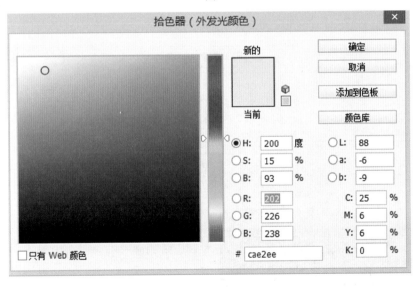

(b)

图7-24　设置【外发光】各项属性

06　选择图层样式【内发光】复选框，在弹出的【内发光】选项区域中，设置各项属性如图 7-25 所示。

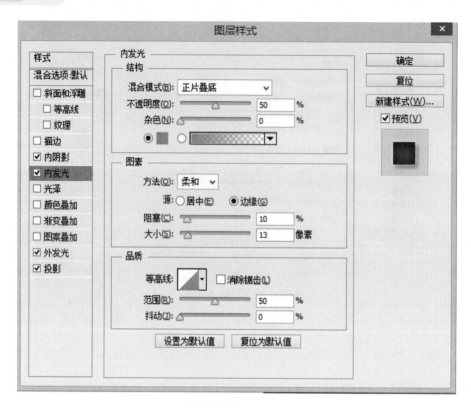

(a)

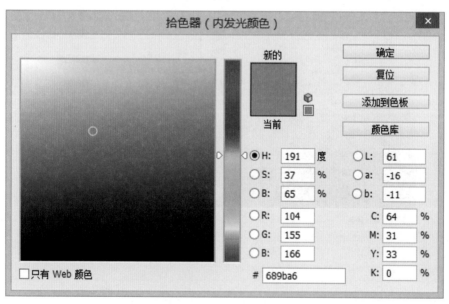

(b)

图7-25 设置【内发光】各项属性

07 选择图层样式【斜面和浮雕】复选框,在弹出的【斜面和浮雕】选项区域中,设置各项属性如图 7-26 所示。

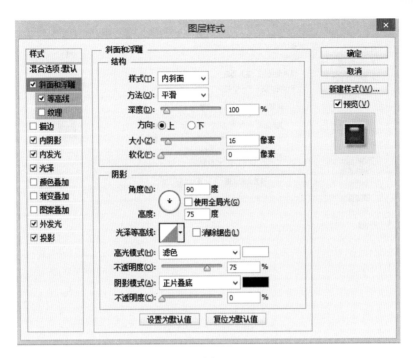

(a)

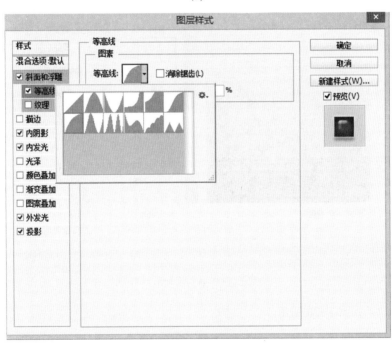

(b)

图7-26 设置【斜面和浮雕】各项属性

08 选择图层样式【光泽】复选框，在弹出的【光泽】选项区域中，设置各项属性如图7-27所示。

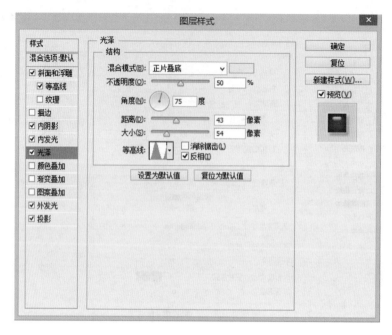

(a)

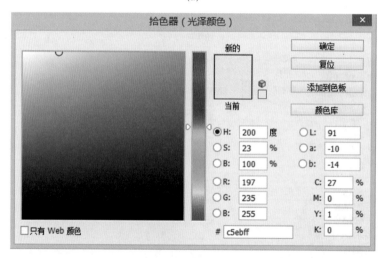

(b)

图7-27 设置【光泽】各项属性

09 最终效果如图 7-28 所示。

图7-28 任务一最终效果图

【知识要点学习】

（一）图层样式

图层样式是 Photoshop 中制作图片效果的重要手段之一，图层样式可以运用于一幅图片中除背景层以外的任意一个图层。图层样式的命令选项较多，这里介绍常用命令。单击【图层】面板底部的【添加图层样式】按钮 ，可弹出下拉菜单，如图 7-29 所示。

图7-29　【添加图层样式】下拉菜单

（二）混合选项

混合选项中包含【常规混合】、【高级混合】、【混合颜色带】3 部分。【常规混合】与【图层】面板的对应功能相同。【高级混合】选项可以支持用户自定义图层样式及混合多个图层中选中的内容，能分别针对图像的各通道进行更详细的图层混合设置。【混合颜色带】可以根据颜色通道和亮度来混合上、下图层的像素内容。如图 7-30 所示。

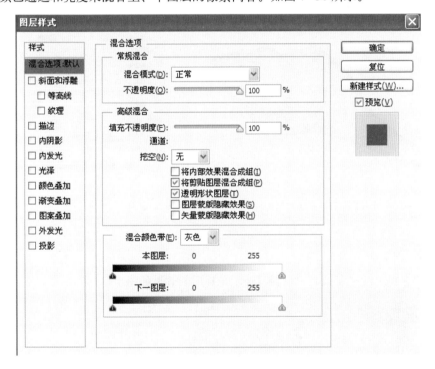

图7-30　【混合选项】选项区域

（三）投影

可以模拟不同角度的光源，给图层内容添加一种背后阴影效果，使平面的图像从视觉上产生浮起来的立体感，设置投影后的效果如图 7-31 所示。

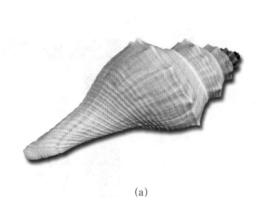

(a)   (b)

图7-31　设置【投影】效果

（四）内阴影

可以在图层像素内部添加阴影效果，其各项设置与【投影】功能相同，只是【扩展】变为【阻塞】选项，设置【内阴影】后的效果如图 7-32 所示。

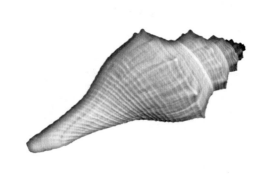

(a)   (b)

图7-32　设置【内阴影】效果

（五）外发光

可在图像外缘产生光晕效果，设置【外发光】后的效果如图 7-33 所示。

(a)   (b)

图7-33　设置【外发光】效果

（六）内发光

正好与【外发光】的功能相反，它可以在图层像素内部产生光晕效果。如图7-34所示。

(a)

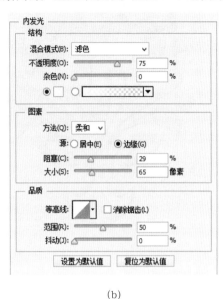

(b)

图7-34 设置【内发光】效果

（七）斜面和浮雕

可以模拟各种角度、高度和强度设置的光源，使图层上的像素产生各种立体效果。打开文字素材，如图7-35所示。

图7-35 原始文字素材

设置【斜面和浮雕】效果，如图7-36所示。

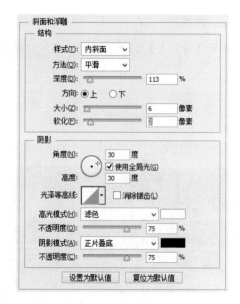

图7-36 设置【斜面和浮雕】效果

（八）等高线

在选择【斜面和浮雕】后，可以选择【等高线】选项来进一步控制和调整【斜面和浮雕】的效果。例如在图 7-36 的基础上继续设置【等高线】后效果如图 7-37 所示。

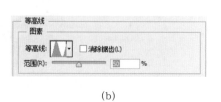

（a）   （b）

图7-37 设置【等高线】效果

（九）纹理

可以在斜面和浮雕的基础上添加凹凸的纹理效果。例如在图 7-36 的基础上继续设置【纹理】效果后如图 7-38 所示。

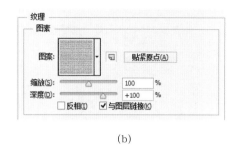

(a) (b)

图7-38　设置【纹理】效果

（十）光泽

可以在图像表面添加某个单色从而产生一种表面光泽变化的效果。打开素材，如图 7-39 所示。

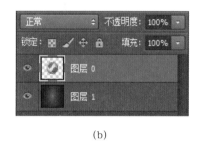

(a) (b)

图7-39　原始素材

设置【光泽】效果后如图 7-40 所示。

(a) (b)

图7-40　设置【光泽】效果

（十一）颜色叠加

可以直接在图像表面填充单一的颜色，效果如图 7-41 所示。

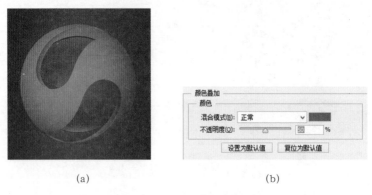

(a)　　　　　　　　　　　　(b)

图7-41　设置【颜色叠加】效果

（十二）渐变叠加

可以在图像表面上添加各种渐变颜色，效果如图 7-42 所示。

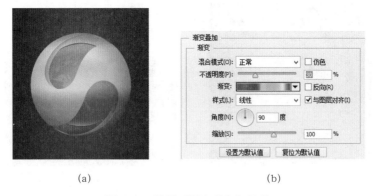

(a)　　　　　　　　　　　　(b)

图7-42　设置【渐变叠加】效果

（十三）图案叠加

可以在图像表面填充各种图案，效果如果 7-43 所示。

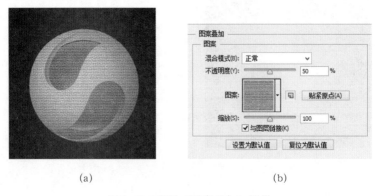

(a)　　　　　　　　　　　　(b)

图7-43　设置【图案叠加】效果

（十四）【描边】

可以给图像边缘添加各种边框效果，边框可以是一种颜色，也可以是渐变色或者图案。设置【描边】后的效果如图 7-44 所示。

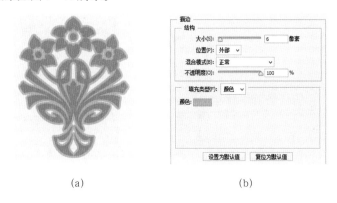

(a)　　　　　　　　　　　　　(b)

图7-44　设置【描边】效果

【小结】

不同的样式选项，可以产生不同的图像效果，掌握了每个选项的功能和特点后，根据实际设计需求，综合地运用不同样式选项，并进行搭配组合，制作出各种图像效果。

任务三　插 画 设 计

【知识要点】

【组合模式】　包括【正常】和【溶解】两个模式，是常规的基本混合。

【加深混合模式】　用于当前图层和下层图层图像之间进行比较，主要作用是过滤图像中的亮色像素，并不同程度地将暗色图像与下面的图像进行混合。

【减淡混合模式】　与【加深混合模式】相反，用于当前图层和下层图层的图像之间进行比较，主要作用是过滤图像中的暗色像素，并不同程度地将亮色图像与下面的图像进行混合。

【对比混合模式】　可以将图像中的全部颜色按照一定的计算方式，与下层图像进行混合，从而使图像的色彩和明暗发生变化。

【比较混合模式】　是以上面图层的图像为依据，对下面的图像进行反相或变异等颜色处理。

【色彩混合模式】　可以分别使用上方图层中的图像的颜色色相、饱和度等基本属性与下面的图像混合。

【任务目标】

图层混合模式是当前层与其下图层的色彩叠加方式。掌握 Photoshop 多种图层混合模式效果，能够综合运用图层混合模式，创建出具有特殊效果的合成画面。

【操作步骤】

01 单击【文件】/【打开】命令，在弹出的【打开】对话框中，选择【夕阳海滩图像】做背景。选择工具箱的【裁剪工具】对图像大小进行裁剪，如图 7-45 所示。

(a) (b)

图7-45 裁剪后的效果

02 用同样的方式打开素材女孩图像，选择工具箱【移动工具】将图像拖动到夕阳海滩文件中，创建名为【图层 1】的新图层，拖动【图层 1】图像使其与背景图像重合，选择图层混合模式为【正片叠底】，效果如图 7-46 所示。

(a) (b)

图7-46 设置图层混合模式为【正片叠底】的效果

03 重复步骤 02，将冲浪图像拖动到夕阳海滩文件中，创建名为【图层 2】的新图层，选择图层混合模式为【叠加】，并修改图层【不透明度】为80%，效果如图 7-47 所示。

(a) (b)

图7-47 任务三的最终效果图

【知识要点学习】

（一）正常

Photoshop默认的方式是上层图层完全覆盖下面的图层。可以通过修改图层【不透明度】的值来透视下面图层的图像。图层【正常】模式的效果如图 7-48 所示。

图7-48　图层【正常】模式的效果

（二）溶解

根据上面图层中每个像素点所在位置的不透明度，随机地取代下面图层相应位置像素的颜色，产生溶解于下一层图像的效果。注意该模式需要上面图层处于半透明状态或图像有羽化效果时才能显示出来。设置图层【不透明度】为 50%，选择图层混合模式【溶解】，效果如图 7-49 所示。

(a)　　　　　　　　　　　　　　(b)

图7-49　设置【溶解】的效果

（三）变暗

将上面图层中较暗的像素替代下面图层中与之相对应的较亮的像素，效果如图 7-50 所示。

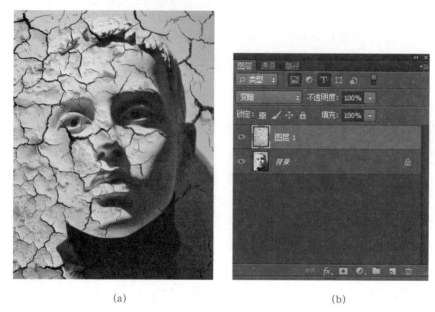

(a)   (b)

图7-50　设置【变暗】的效果

（四）正片叠底

将上面图层与下面图层像素值中较暗的像素进行合成，图像加暗部分的合成效果比【变暗】模式平缓，能更好地保持原来图像的轮廓和图像的阴影部分。设置【正片叠底】的效果如图 7-51 所示。

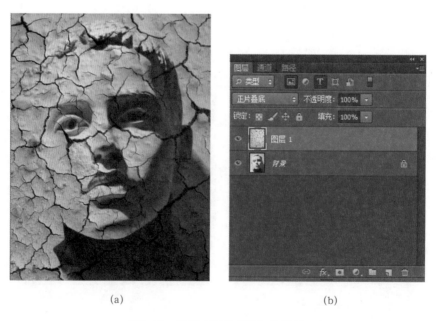

(a)   (b)

图7-51　设置【正片叠底】的效果

（五）颜色加深

下面图层根据上面图层图像的灰度变暗后再与上面图层图像融合，上面图层中图像越黑的部分，颜色会越深，如果上层是白色，则混合时不会产生变化。设置【颜色加深】的效果如图7-52所示。

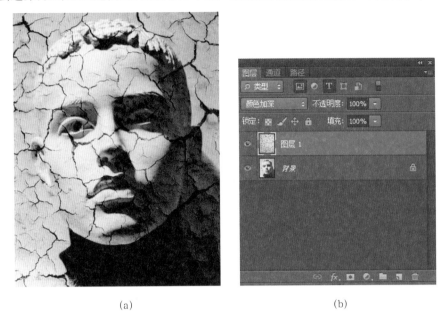

(a)   (b)

图7-52 设置【颜色加深】的效果

（六）线性加深

一种线性的运算方法来进行计算，其颜色效果比【颜色加深】模式的效果暗。设置【线性加深】的效果如图 7-53 所示。

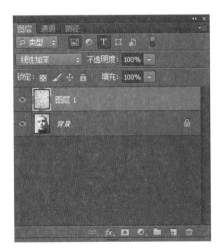

图7-53 设置【线性加深】的效果

（七）深色

对当前图层与下面的图层之间的明暗色进行比较，用较暗一层的像素取代较亮一层的像素。设置【深色】的效果如图 7-54 所示。

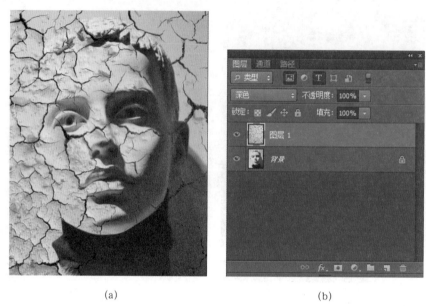

(a)　　　　　　　　　　　　　　(b)

图7-54　设置【深色】的效果

（八）变亮

与【变暗】模式相反，以上面图层的图像颜色为基准，如果下面图层的色彩比上面图层的亮就保留，若比上面图层色彩暗就被上面图层的色彩所代替。设置【变亮】的效果如图 7-55 所示。

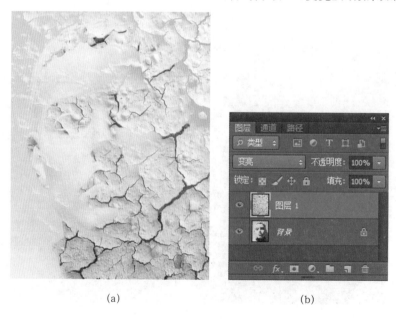

(a)　　　　　　　　　　　　　　(b)

图7-55　设置变亮的效果

（九）滤色

图层混合后会加亮上一层图像的颜色，会有发白发亮的效果。设置【滤色】的效果如图 7-56 所示。

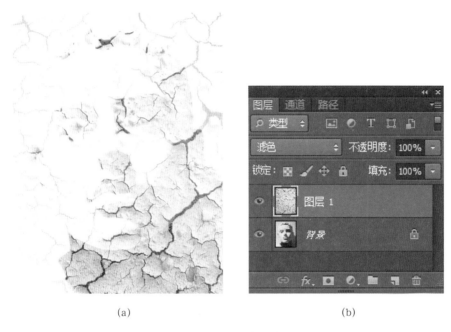

(a)   (b)

图7-56　设置【滤色】的效果

（十）颜色减淡

可以加亮底层的图像，同时使颜色变得更加鲜亮。设置【颜色减淡】的效果如图 7-57 所示。

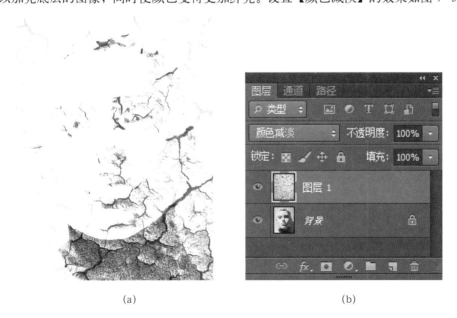

(a)   (b)

图7-57　设置【颜色减淡】的效果

（十一）线性减淡

与【颜色减淡】模式产生的效果类似，但是效果更加强烈。设置【线性减淡】的效果如图 7-58 所示。

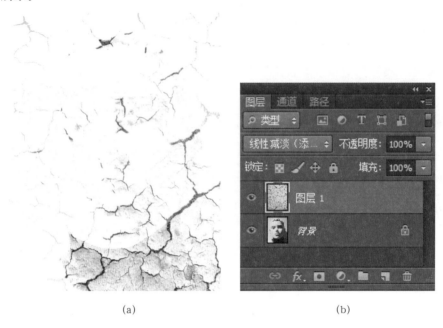

(a)   (b)

图7-58 设置 【线性减淡】的效果

（十二）浅色

与【深色】模式相反，较亮一层的像素替代较暗一层的像素。设置【浅色】的效果如图 7-59 所示。

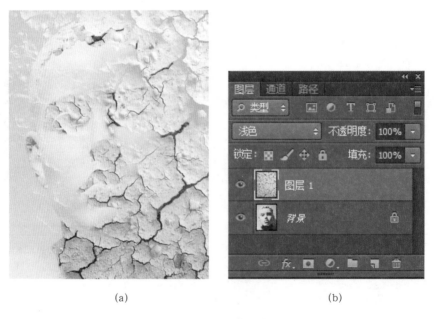

(a)   (b)

图7-59 设置【浅色】的效果

（十三）叠加

图像效果主要由下面的图层决定，叠加后下面图层图像的高亮部分和阴影部分保持不变。设置【叠加】的效果如图 7-60 所示。

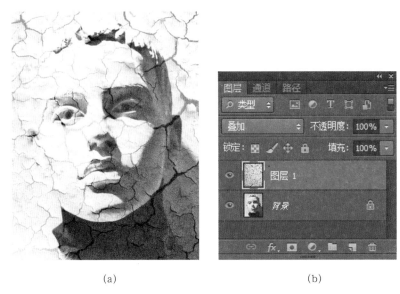

(a)　　　　　　　　　　　　　　　　(b)

图7-60　设置【叠加】的效果

（十四）柔光

可以使图像颜色变亮或变暗，如果上面图层的像素比 50% 的灰色亮，图像就变亮，反之则变暗。设置【柔光】的效果如图 7-61 所示。

(a)　　　　　　　　　　　　　　　　(b)

图7-61　设置【柔光】的效果

（十五）强光

效果与【柔光】模式相似，但是其加亮或变暗的程度更强烈。设置【强光】的效果如图7-62所示。

(a)   (b)

图7-62　设置【强光】的效果

（十六）亮光

以当前图层的图像像素为依据加深或减淡颜色，如果混合色比 50% 的灰色亮，图像通过降低对比度来加亮图像，反之就通过提高对比度来变暗图像。设置【亮光】的效果如图 7-63 所示。

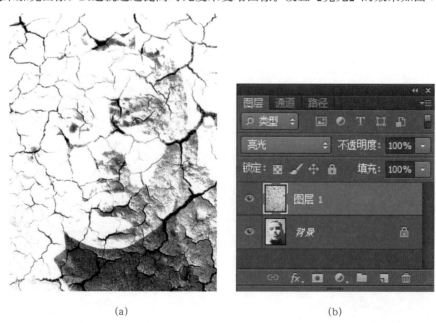

(a)   (b)

图7-63　设置【亮光】的效果

（十七）线性光

以当前图层图像的颜色为依据来加深或减淡颜色。如果混合色比 50% 的灰色亮，图像通过提高亮度来加亮图像，反之就通过降低亮度来变暗图像。设置【线性光】的效果如图 7-64 所示。

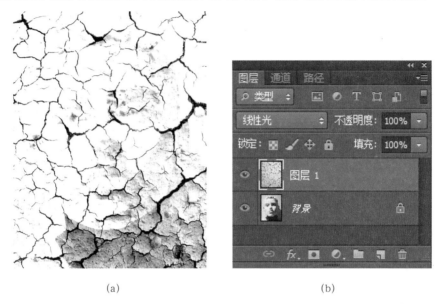

（a）   （b）

图7-64　设置【线性光】的效果

（十八）点光

根据上面图层的颜色来替换颜色，如果混合色比 50% 的灰色亮，就替换比混合色暗的像素，不改变比混合色亮的像素，反之就替换比混合色亮的像素，比混合色暗的像素不变。设置【点亮】的效果如图 7-65 所示

（a）   （b）

图7-65　设置【点光】的效果

（十九）实色混合

通过增加图像的饱和度使图像产生特殊的效果。设置【实色混合】的效果如图 7-66 所示。

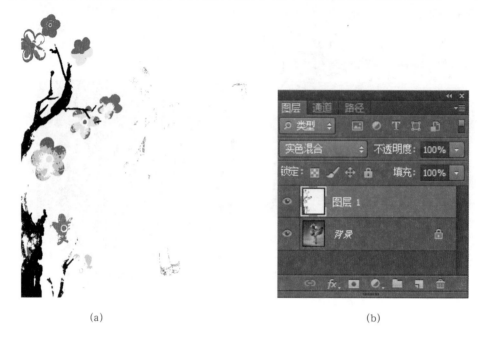

(a)   (b)

图7-66　设置【实色混合】的效果

（二十）差值

用上面图层的像素颜色值减去下面图层相应位置的像素值的结果来显示颜色，可以使图像产生反相的效果。设置【差值】的效果如图 7-67 所示。

(a)   (b)

图7-67　设置【差值】的效果

（二十一）排除

与【差值】的效果类似，也可以使图像产生反相的效果，但相对柔和。设置【排除】的效果如图 7-68 所示。

(a)　　　　　　　　　　　　　　　　(b)

图7-68　设置【排除】的效果

（二十二）减去

该模式可以从目标通道中相应的像素上减去源通道中的像素值。设置【减去】的效果如图 7-69 所示。

(a)　　　　　　　　　　　　　　　　(b)

图7-69　设置【减去】的效果

（二十三）划分

该模式可以查看每个通道中的颜色信息，从基色中划分混合色。设置【划分】的效果如图 7-70 所示。

(a)　　　　　　　　　　　　　　　(b)

图7-70　设置【划分】的效果

（二十四）色相

图像显示的效果是由下层图像像素的亮度与饱和度值，以及上面图层像素对应位置的色相构成。例如，打开素材，单击【图层】面板底部的【创建新图层】按钮，创建名为【图层 1】的新图层，选择工具箱【油漆桶工具】，设置前景色为红色，将【图层 1】填充为红色，图层混合模式选择【色相】，效果如图 7-71、图 7-72 所示。

(a)　　　　　　　　　　　　　　　(b)

图7-71　原始素材图片

（a）　　　　　　　　　　　　　　　（b）

图7-72　设置【色相】的效果

（二十五）饱和度

该模式可以将当前图层中的饱和度应用到下面图层图像的亮度和色相中，可以改变下面图层的饱和度，但不会影响亮度和色相。设置【饱和度】的效果如图 7-73 所示。

（a）　　　　　　　　　　　　　　　（b）

图7-73　设置【饱和度】的效果

（二十六）颜色

图像显示的效果是由下层图像的亮度，以及上面图层的色相和饱和度构成。设置【颜色】的效果如图 7-74 所示。

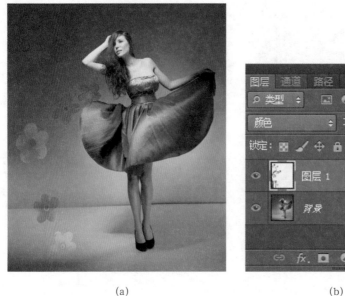

(a) (b)

图7-74 设置【颜色】的效果

（二十七）明度

图像显示的效果是由下层图像的色相和饱和度，以及上面图层的亮度构成。设置【明度】
的效果如图 7-75 所示。

(a) (b)

图7-75 设置【明度】的效果

【小结】

Photoshop 提供了多种不同的混合方式，混合模式使当前图层与下面的图层进行混合，灵活使用各种混合方式，会使图像产生各种意想不到的效果。

项 目 实 训

项目实训　设计明星 T 恤

练习要点：

1．打开素材照片，单击【图像／复制】命令，将图层复制一份生成【新图层 1】；

2．选中【图层 1】按【Ctrl+Shift+U】组合键去色，再选中【图层 1】按【Ctrl+J】组合键复制，生成【图层 1 副本】；

3．选中【图层 1 副本】按【Ctrl+I】组合键反相，把该图层混合模式改成【颜色减淡】；

4．选中【图层 1 副本】单击【滤镜】／【模糊】／【高斯模糊】命令，一边移动设定值滑块一边查看画面效果，【半径值】设置为 4.3；

5．按【Ctrl+Shift+Alt+E】组合键合并所有图层；

6．打开白色 T 恤素材，把刚刚做好的人物图片用拖动工具拉进 T 恤文件中，图层混合模式设置为【正片叠底】，图片的白色背景就会主动消失；

7．选取【橡皮工具】，把图片多余的部分擦除；

8．选取【文字工具】，输入【Kelly　Chen】。右击文字层，在弹出的快捷菜单中选择【文字变形】，给文字加上变形效果。在其图层上添加【外发光】和【投影】图层样式，最终效果如图 7-76 所示。

图 7-76　实训效果图

项 目 总 结

图层功能是 Photoshop 中一项极其重要，也是最常用到的功能，图层功能在使用 Photoshop 进行图像处理中，具有十分重要的地位。理解图层的概念并掌握好图层的各种操作对于学习 Photoshop 非常关键。在 Photoshop 中，一幅图像通常是由多个不同类型的图层通过一定的组合方式自下而上叠放在一起组成的，通过调整它们的叠放顺序，以及混合方式会制作出千变万化的图像效果来。

思 考 与 练 习

选择题

1．（　　　）复制一个图层。

　　A．选择【编辑】／【复制】

  B. 选择【图像】/【复制】

  C. 选择【文件】/【复制图层】

  D. 将图层拖放到【图层】面板下方创建新图层的图标上

2. 移动图层中的图像时如果每次需要移动 10 个像素的距离，应按下列（ ）功能键。

  A. 按住【Alt】键同时按键盘上的箭头键

  B. 按住【Tab】键同时按键盘上的箭头键

  C. 按住【Ctrl】键同时按键盘上的箭头键

  D. 按住【Shift】键同时按键盘上的箭头键

3. 在（ ）情况下可利用图层和图层之间的裁切组关系创建特殊效果。

  A. 需要将多个图层进行移动或编辑   B. 需要移动链接的图层

  C. 使用一个图层成为另一个图层的蒙版 D. 需要隐藏某图层中的透明区域

4. 如果在图层上增加一个蒙版，当要单独移动蒙版时（ ）操作是正确的。

  A. 首先单击图层上的蒙版，然后选择【移动工具】就可以了

  B. 首先单击图层上的蒙版，然后选择【全选】用【选择工具】拖拉

  C. 首先要解除图层与蒙版之间的链接，然后选择【移动工具】就可以了

  D. 首先要解除图层与蒙版之间的链接，再选择【蒙板】，然后选择【移动工具】就可以移动了

5. （ ）可以将填充图层转化为一般图层。

  A. 双击【图层】面板中的填充图层图标

  B. 执行【图层】/【点阵化】/【填充内容】命令

  C. 按住【Alt】键单击【图层】控制板中的填充图层

  D. 执行【图层】/【改变图层内容】命令

6. 字符文字可以通过（ ）命令转化为段落文字。

  A. 转化为段落文字 B. 文字   C. 链接图层   D. 所有图层

7. （ ）类型的图层可以将图像自动对齐和分布。

  A. 调节图层   B. 链接图层   C. 填充图层   D. 背景图层

项目八

通道和蒙版

 背景说明

本项目主要讲解 Photoshop 的另一个核心功能——通道，其中还包括了与通道联系紧密的蒙版的相关知识。通道主要用来保存图像的颜色数据和选区等。在 Photoshop 中包含 3 种类型的通道，即颜色通道、专色通道和 Alpha 通道，同样在 Photoshop 中也可创建不同类型的蒙版。蒙版用来控制图像的显示和隐藏区域，是进行图像合成的重要手段，也是 Photoshop 中极富吸引力的功能之一。本项目通过 3 个任务的学习，使读者掌握蒙版在图像合成中的应用，以及通道在选区中、在色彩调整中、在滤镜中，以及在印刷中的应用。

学习目标

知识目标：学习通道和蒙版的使用。

技能目标：能利用通道和蒙版合成和编辑图像。

重点与难点

重点：Alpha 通道、通道的作用、图层蒙版、图层蒙版与通道的关系。

难点：利用通道来调整图像、图层蒙版与通道的关系。

更多惊喜

任务一 制作透明字

【知识要点】

【通道的类型】 在 Photoshop 中包含 3 种类型的通道：颜色通道、专色通道和 Alpha 通道。

【Alpha 通道】 主要用来保存选区。

【创建 Alpha 通道】 单击【通道】面板中的新建按钮■就可以新建一个 Alpha 通道。

【载入选区】 单击【选择】/【载入选区】命令，可以将通道作为选区载入，并可以进行选区的相加、相减及交叉操作。

【存储选区】 单击【选择】/【存储选区】命令，可以将选区保存为通道。也可以通过【通道】面板中的■按钮来实现。

【选择通道】 单击通道的名称即可选择一个通道，按住【Shift】键单击可以选择或取消选择多个通道。

【返回到默认通道】 当编辑完一个或者多个通道后，单击复合通道可以返回到面板默认的状态，以查看所有的默认颜色通道。

【重命名通道】 可以在【通道】面板中双击该通道的名称，然后输入名称即可。

【任务目标】

掌握通道的基本操作方法，并能利用通道对图像进行编辑修改。

【操作步骤】

01 单击【文件】/【打开】命令，打开一幅图像作为背景，如图 8-1 所示。

02 在画面中输入文字【IRON MAN】，设置字体颜色为白色、字体为 Impact、大小为 105 点，并对文字的位置与距离进行适当调整，效果如图 8-2 所示。

图8-1　原始图片素材

图8-2　输入文字后的效果

03 选择文字图层，按下【Ctrl】键，单击文字图层的缩略图按钮 T ，弹出文字选区如图 8-3 所示。

04 单击【选择】/【存储选区】命令，打开【存储选区】对话框，设置名称为【透明字 1】，其他参数不变，如图 8-4 所示，此时通道中多了一个名字为【透明字 1】的通道，如图 8-5 所示。

图8-3 弹出文字选区

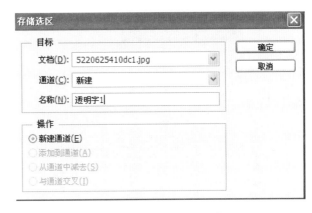

图8-4 【存储选区】对话框

05 重复步骤 04，设置名称为【透明字 2】，将选区再保存到设置名称为【透明字 2】中；按【Ctrl+D】组合键，取消文字选区，并删除文字图层，如图 8-6 所示。

图8-5 【透明字1】通道

图8-6 【透明字2】通道

06 打开【通道】面板，选择【透明字 2】通道，如图 8-7 所示，单击【滤镜】/【其他】/【位移】命令，分别将水平和垂直偏移量设置为 5 和 6，其他选项保持默认，单击【确定】按钮，如图 8-8 所示。

07 单击【通道】面板的【RGB】通道，再单击【选择】/【载入选区】命令，在弹出如图 8-9 所示的对话框中选择【透明字 1】通道，以【新建选区】的方式载入文字选区，效果如图 8-10 所示。

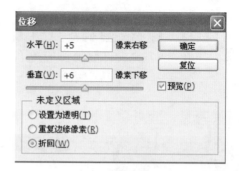

图8-7 选择【透明字2】　　　　　　图8-8 【位移】输入设置

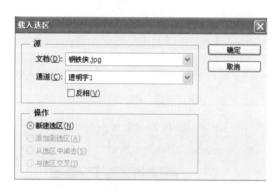

图8-9 【载入选区】对话框中参数的设置　　　　　图8-10 载入选区后效果

08 单击【选择】/【载入选区】命令，在弹出如图8-11所示的【载入选区】对话框中选择【透明字2】通道，方式为【从选区中减去】，效果如图8-12所示。

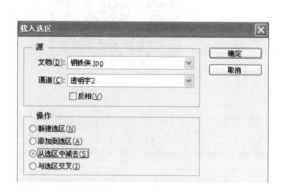

图8-11 【载入选区】对话框中参数的设置　　　　图8-12 从选区中减去后的效果

09 保持选区，单击【图像】/【图像】/【亮度/对比度】命令，亮度的值调整为+150，如图8-13所示。设置完后取消选择，得到效果如图8-14所示。

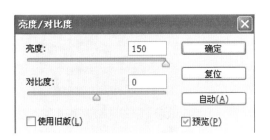

图8-13 【亮度/对比度】对话框中参数的设置　图8-14 设置【亮度/对比度】后的效果

⑩ 继续选中【背景】图层，单击【选择】/【载入选区】命令，先将通道设置为【透明字2】，选择【新建选区】，如图 8-15 所示。

图8-15 【载入选区】对话框中参数的设置

⑪ 继续选中【背景】图层，单击【选择】/【载入选区】命令，将通道设置为【透明字1】，选择【从选区中减去】单选按钮，如图 8-16 所示，得到效果如图 8-17 所示。

图8-16 【载入选区】对话框中的参数设置　　　图8-17 从选区减去后效果

⑫ 保持选区,单击【图像】/【图像】/【亮度/对比度】命令,亮度的值调整为 −150,如图 8-18 所示,设置完后取消选择,得到最终效果如图 8-19 所示。

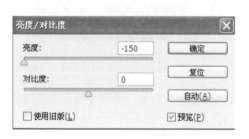

图8-18 【亮度/对比度】对话框中的参数设置   图8-19 设置【亮度/对比度】后的效果

【知识要点学习】

(一)通道的类型

在 Photoshop 中包含 3 种类型的通道,即颜色通道、专色通道和 Alpha 通道,如图 8-20 所示。

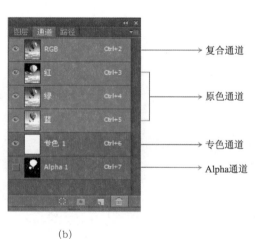

(a)   (b)

图8-20 RGB模式的通道类型

(二)通道的作用

(1)在选区中的应用:使用通道不仅能够创建选区,还可以在通道中对已有的选区进行各种编辑操作，从而得到符合要求或是更为精确的选区，将选区保存在通道中，以后便可以随时调用。

(2) 在色彩调整中的应用：可以通过调整某一颜色通道来对图像中的特定颜色进行调整。

(3) 在滤镜中的应用：在通道中应用滤镜可以改变图像的质量或创建特殊的效果。

(4) 在印刷中的应用：可以添加专色通道，为印刷添加专色印版。

（三）将通道作为选区载入

单击该按钮可以将通道作为选区载入，这样制作好的通道就可以变成选区用作图像调整。

（四）将选区存储为通道

单击该按钮可以将选区存储为通道，这样精心制作好的选区就可以利用通道保存起来。该按钮的功能类似于单击【选择】/【存储选区】命令。

（五）创建新通道

单击■按钮可以新建一个【Alpha】通道，按住【Alt】键单击该按钮可新建通道并在打开的对话框中设置通道的名称、蒙版的显示选项、颜色和不透明度，如图 8-21 所示。

图8-21　【新建通道】对话框

> **提示**
>
> 修改蒙版的颜色和不透明度仅改变通道的预览效果，它可以使蒙版与图像中的颜色对比更加鲜明，以便于编辑操作，但不会对图像产生影响。

（六）Alpha 通道

Alpha 通道主要用来保存选区，Alpha 通道中的白色区域可以作为选区载入，黑色区域不能载入为选区，灰色区域载入后的选区带有羽化效果，如图 8-22 所示为分别载入不同的【Alpha】通道得到的选区效果。

(a)

(b)

图8-22　分别载入不同的【Alpha】通道得到的选区效果

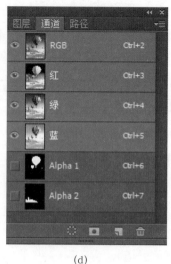

(c)   (d)

图8-22　分别载入不同的【Alpha】通道得到的选区效果（续）

【小结】

在 Photoshop 的学习中，通道一直是初学者的难点，而其中 Alpha 通道是难点中的重点。本任务以 Alpha 通道为重点进行介绍，阐述了通道能保存选区这一大重要作用。实例中关键要理解创建出来的两个通道的区别，完成任务主要是通过通道的计算完成的，利用通道的计算得出的选区在背景图层上做亮度的修改，从而使其产生立体感。

任务二　用通道选区抠出火焰素材图案

【知识要点】

【原色通道】 RGB 模式的图片，在【通道】面板中可以看见 3 个原色通道，分别是【红】、【绿】、【蓝】。这 3 个原色通道保存对应的颜色信息，可以分别对它们进行编辑。

【分离、合并通道】 分离通道可以将每个通道独立地分离为单个文件。合并通道可以将通道进行合并。

【复制通道】 选中需要复制的通道，按住鼠标左键不放，将它拖放到创建新通道按钮 ■ 上，就可以复制通道。

【将通道作为选区载入】 按【Ctrl】的同时单击需要的颜色通道，白色部分就会变成一个选区，这就是将通道作为选区载入。

【任务目标】

深入理解原色通道的含义，学习通过编辑通道的方式来控制图像，并掌握利用通道作选区的方法。

【操作步骤】

01　单击【文件】/【打开】命令，打开如图 8-23 所示的火焰图像，在界面右下角的【图层】面板上单击【通道】菜单，下面出现三个通道，分别为【红】、【绿】、【蓝】通道，如图 8-24 所示。

图8-23　火焰素材图片

02　将【红】、【绿】、【蓝】通道分别各复制一个副本出来，用于后面可以载入选区。在【通道】面板中，选中一个需要复制的通道并右击，在弹出的快捷菜单中选择【复制】即可复制通道，如图 8-25 所示。

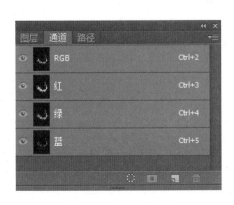

图8-24　【通道】面板

图8-25　【红】、【绿】、【蓝】新通道副本

03 调整通道的对比度得到的效果更好，选择红色通道，单击【图像】/【调整】/【色阶】命令，将图像的黑白对比调整得强一些，如图 8-26 所示。

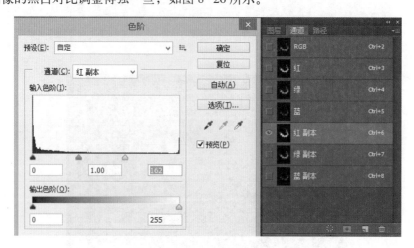

图8-26 【色阶】调整参数

04 新建一个空白图层，改名为【红色】。单击【选择】/【载入选区】命令，选择通道红色副本，单击【确定】按钮，载入红色通道选区，如图 8-27、图 8-28、图 8-29 所示。

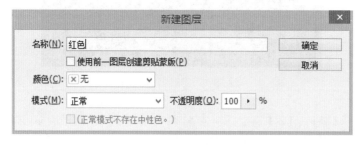

图8-27 【新建图层】对话框

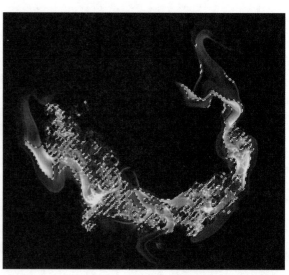

图8-28 载入【红 副本】选区　　　　　　图8-29 载入选区后的效果

05 设置前景色为 R=255；G=0；B=0，单击【编辑】／【填充】命令，使用前景色进行填充，得到的效果如图 8-30 所示。

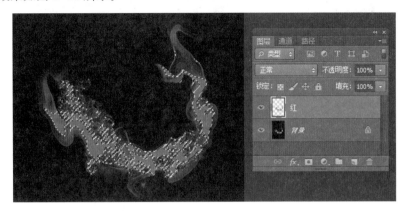

图8-30　填充红色的效果

06 使用相同的方法新建【绿】、【蓝】两个新图层，分别载入【绿】（填充时前景色设为 R=0、G=255、B=0）和【蓝】（填充时前景色设为 R=0、G=0、B=255）的选区并填充颜色，得到的效果如图 8-31 和图 8-32 所示。

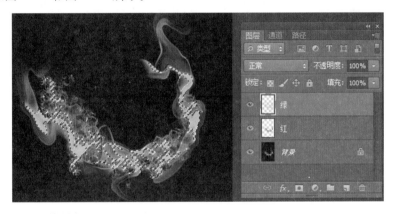

图8-31　填充绿色的效果

图8-32　填充蓝色的效果

07 分别选择【绿】和【蓝】图层，将图层混合模式设置为【滤色】，得到效果如图8-33所示。

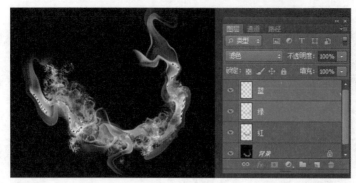

图8-33 图层混合模式设置为【滤色】的效果

08 将【红】、【绿】、【蓝】三个图层合并为一个图层，改名为火焰，得到的效果如图 8-34 所示。

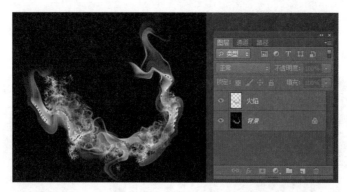

图8-34 合并图层后的效果

09 打开如图 8-35 所示的吉他图片素材，单击火焰图层，把它拖进新的素材里，并设置在图层素材层之上并调整大小比例，得到的最终效果如图 8-36 所示。

图8-35 吉他图片素材　　　　　图8-36 最终效果

【知识要点学习】

（一）通道数目

图像的颜色模式决定了所创建的颜色通道的数目，如图 8-37 所示。

（a）RGB模式 　　　　（b）CMYK模式 　　　　（c）Lab模式 　　　　（d）灰度模式

图8-37　不同颜色模式下的通道数目

（二）原色通道

原色通道又称颜色通道，记录了图像的打印颜色和现实颜色。对图像进行调整、绘画或者是应用滤镜等编辑时，如果指定了某一颜色通道，那么操作将改变当前通道中的颜色信息，如果没有指定通道，则表示为原图像，如图 8-38 所示。

（a）

（b）

图8-38　调整红色通道与调整复合通道得到的不同效果

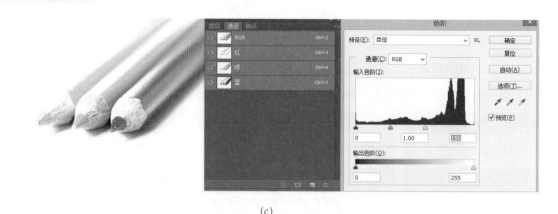

(c)

图8-38　调整红色通道与调整复合通道得到的不同效果（续）

从图 8-38 中可以看出，将红色通道调整后，其他颜色通道并没有受到影响，而当复合通道调整后，所有颜色通道都改变了。

（三）专色通道

专色通道是一类特殊的通道，它用来存储专色。专色是特殊的预混合油墨，例如金属质感的油墨，它用于替代或补充印刷色（CMYK）油墨，在印刷时每种专色都要求专用的印版，如果要印刷带有专色的图像，则需要创建存储这些颜色的专色通道。图 8-39 所示为印刷在各类包装上的金属专色。

(a)　　　　　　　　　　　　　　　　(b)

图8-39　印刷在各类包装上的金属专色

【小结】

本任务主要学习利用原色通道来制作选区，关键要明白黑色、白色以及灰色在通道中的含义。只要将这一知识点理解，整个实例操作起来就非常简单。利用通道作选区是以后经常会用到的方法。一般来说，在编辑中都要使用到【图像】、【调整】菜单下的一些命令来配合完成。

任务三　制作电影海报

【知识要点】

【创建图层蒙版】图层蒙版主要用于图片的合成，通过蒙版可以融合图片边缘，或者隐藏部分图像区域。

【任务目标】

理解图层蒙版的作用，掌握编辑图层蒙版的方法；能够利用图层蒙版结合其他工具制作出完整的宣传海报。

【操作步骤】

01 单击【文件】/【打开】命令，打开魔兽电影两幅人物图片素材，如图8-40和图8-41所示。

图8-40　图片素材1

图8-41　图片素材2

02 单击【文件】/【新建】命令，新建一个宽度为2 770像素、高度为1 050像素、分辨率为72像素／英寸大小的文件，命名为【电影海报】，如图8-42所示。

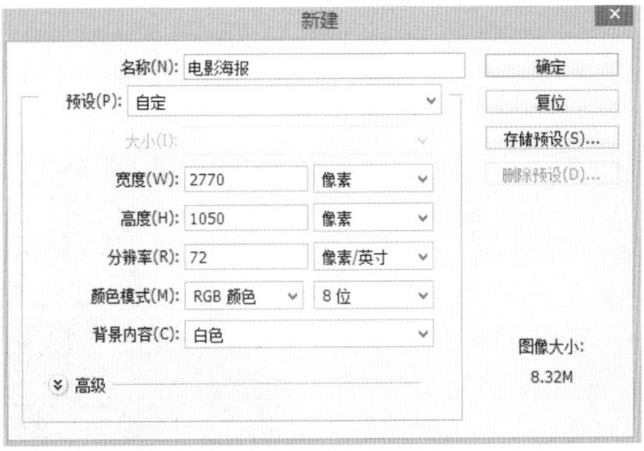

图8-42　新建【电影海报】文件

03 利用【移动工具】，将两幅图片素材拖动到巨幅照片中，并排列好位置，注意图片相互要有重合的部分，如图 8-43 所示。

图8-43 素材排列好的效果

04 此时【图层】面板信息如图 8-44 (a) 所示，为了方便操作，根据图层的内容更改图层的名称，如图 8-44 (b) 所示。

05 设置前景色和背景色分别分白色和黑色，选中【兽人】图层，单击【图层】面板中的添加图层蒙版按钮 ，为该层添加一个图层蒙版，如图 8-45 所示。

(a)   (b)

图8-44 图层的名称更改对照   图8-45 为图层【兽人】添加一个
                                                 图层蒙版

06 保证蒙版处于选中状态，选择【渐变工具】 ，使用默认的黑白渐变，在两幅图片交接处画出渐变，得到效果如图 8-46 所示。

图8-46 使用【渐变工具】绘制后的效果

07 打开文字素材，放到画面中间位置，效果如图 8-47 所示。

图8-47　加上文字后的效果

💡 提示

这时如果选中【兽人】图层，在相应的【通道】面板中，发现多了【兽人蒙版】，如图8-48所示。这说明通道和蒙版是相联系在一起的。将在项目实训中将蒙版和通道结合起来制作实例。

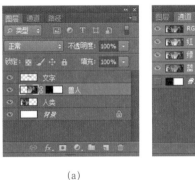

(a)

(b)

图8-48　【图层蒙版】与【通道】对比

【知识要点学习】

（一）蒙版的类型与应用

在 Photoshop 中可创建不同类型的蒙版，包括快速蒙版、剪贴蒙版和图层蒙版等。每种蒙版都有着不同的用途。

（二）快速蒙版

【快速蒙版】用来创建、编辑和修改选区，单击工具箱中的🔲就可以在以标准模式、编辑模式和快速蒙版模式之间进行切换，如图 8-49 所示。

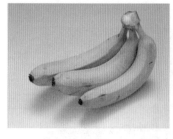

（a）原图像 　　（b）【快速蒙版模式】下使用【画笔工具】修改蒙版 　　（c）【标准模式】下得到的选区

图8-49 【快速蒙版】的使用

快速蒙版还可以准确地显示选区羽化的范围。

（三）剪贴蒙版

【剪贴蒙版】是使用下面图层（基底图层）中图像的形状来控制上层图像（内容图层）的显示区域，如图 8-50 所示。

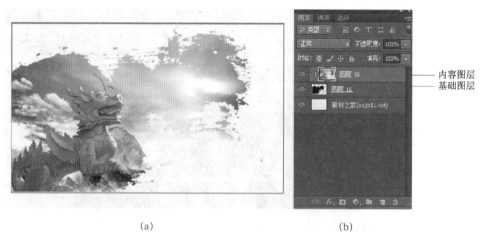

（a） 　　　　　　　　　　　　（b）

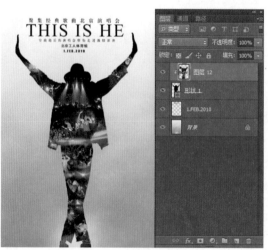

（c）

图8-50 【剪贴蒙版】的使用

（四）矢量蒙版

【矢量蒙版】也是通过形状控制图像的显示区域，与【剪贴蒙版】不同的是，它仅能作用于当前图层，如图 8-51 所示。

图8-51 【矢量蒙版】的使用

（五）图层蒙版

图层蒙版是图像合成中应用最为广泛的蒙版，可以用于为图层添加屏蔽效果，其优点在于可以通过改变图层蒙版不同区域的黑白程度，控制图像对应区域的显示或隐藏状态。与矢量蒙版相比，图层蒙版可以生成淡入淡出的羽化效果，这就使得图像的合成效果更加自然。虽然剪贴蒙版也可以产生类似的效果，但控制显示区域的图像在修改时没有图层蒙版灵活，图层蒙版的使用效果如图 8-52 所示。

(a)

图8-52 图层蒙版的使用效果

图8-52　图层蒙版的使用效果（续）

　　从上面实例中可以看出，图层蒙版可以控制图像的透明区域。经常利用图层蒙版来修饰图像，例如还可以运用图层蒙版来美化皮肤等。

（六）将通道转化为蒙版

蒙版和通道都是 256 级色阶的灰度图像，它们有许多相同的特点和属性，例如黑色代表隐藏的区域、白色代表显示的区域、灰色代表半透明的区域等，下面来了解如何将通道转换为蒙版来修饰图像。

（1）打开两张素材图片，如图 8-53 所示。

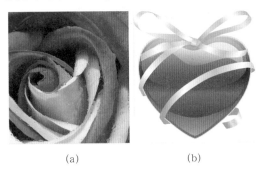

(a)　　　　　　　　　(b)

图8-53　素材图片

（2）将两张图片拖放到一个文件当中，其中桃心图片位于顶层，选【桃心】图层，打开【通道】面板，观察通道可以发现，【绿色】通道中的明暗对比较强，所以，就将【绿色】通道复制一个副本，如图 8-54 所示。

图8-54　将【绿色】通道复制一个副本

（3）使用【色阶】、【曲线】等命令，以及【画笔工具】将通道调整为如图 8-55 所示的效果。

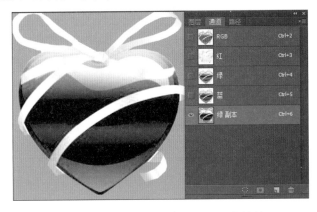

图8-55　【绿　副本】通道调整后的效果

（4）选中该通道的选区，如图 8-56 所示。

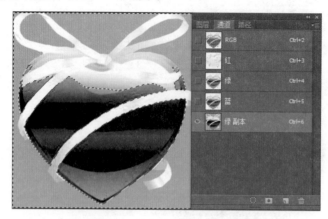

图8-56　选中【绿 副本】通道的选区

（5）单击复合通道，并返回【图层】面板，单击 ▣ 按钮为该图层添加蒙版，得到效果如图 8-57 所示。

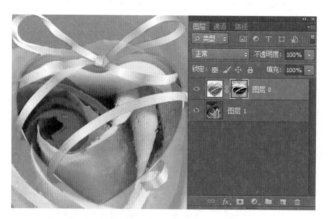

图8-57　最终效果

【小结】

　　本任务主要讲解了图层蒙版，这也是 Photoshop 中使用最为广泛的蒙版，利用图层蒙版制作了巨幅画面，做到了图片与图片间的淡入淡出效果，使得连接更加自然。另外还讲解了快速蒙版、矢量蒙版及剪贴蒙版。大家要抓住图层蒙版这一重点进行学习。另外还讲解了通道和蒙版之间的联系，这也是难点和重点之一，要认真领会。

<h1 style="text-align:center">项 目 实 训</h1>

项目实训一　为人物更换唇彩

　　练习要点：使用【钢笔工具】作用选区，利用【路径】面板保存路径，使用通道保存选区，使用【图层蒙版】对局部进行保护和调整，渐变工具的复习。素材图片如图 8-58 所示，最终效果如图 8-59 所示。

图8-58　素材图片

图8-59　最终效果

项目实训二　制作红外效果

练习要点：本例将使用 Photoshop 通道混合器来创建一种称为红外效果的照片，通常情况下红外效果照片需要使用专用的红外胶卷来拍摄，然而此例中将使用 Photoshop 来处理一张普通的正常照片，使其成为一张红外效果的照片。素材图片如图 8-60 所示，最终效果如图 8-61 所示。

图8-60　素材图片

图8-61　最终效果

项 目 总 结

本项目主要讲解了通道与蒙版的知识，通道主要用来保存图像的颜色数据和选区等。蒙版用来控制图像的显示和隐藏区域，是进行图像合成的重要手段。本项目通过 3 个任务的学习，使读者掌握蒙版在图像合成中的应用，以及通道在选区中、色彩调整中、滤镜中，以及在印刷中的应用。

思考与练习

选择题

1. 若要进入快速蒙版状态，应该（　　　）。

    A. 建立一个选区　　　　　　　　　　B. 选择一个 Alpha 通道

    C. 单击工具箱中的快速蒙版图标　　　D. 在【编辑】菜单中选择【快速蒙版】命令

2. 若想使各颜色通道以彩色显示，应选择（　　　）命令。

    A. 显示于光标　　　B. 图像高速缓存　　　C. 常规　　　　D. 存储文件

3. 在通道面板上按住（　　　）功能键可以加选或减选。

    A. 【Alt】　　　　B. 【Shift】　　　C. 【Ctrl】　　　D. 【Tab】

4. Alpha 通道最主要的用途是（　　　）。

    A. 保存图像色彩信息　　　　　　B. 创建新通道

    C. 存储和建立选择范围　　　　　D. 为路径提供的通道

5. Alpha 通道相当于（　　　）的灰度图。

    A. 4 位　　　　　B. 8 位　　　　C. 16 位　　　　D. 32 位

6. 在【通道】面板中，按住（　　　）键的同时单击垃圾桶图标，可直接将选中的通道删除。

    A. 【Shift】　　　B. 【Alt】　　　C. 【Ctrl】　　　D. 【Alt+Shift】

项目九

调整图像颜色

 背景说明

　　色彩是 Photoshop 平面设计中非常重要的一个方面，一幅好的图像离不开好的色彩。对图像色彩细微调整均将影响最终的视觉效果。Photoshop 提供有丰富的色彩校正工具，充分利用这些工具可实现对图像的各种色彩校正及改变。通过本项目的实训与练习让学生了解色彩的基本知识与色彩模式的基本概念，并掌握利用色彩模式的转换实现特殊的图像效果。本项目通过对 Photoshop CS6 图像菜单下的相关命令的学习和对具体任务的操作、练习，使读者掌握图像色彩调整的一些基本概念和方法。

学习目标

知识目标：掌握常用的色彩调整命令（如曲线、色阶、色相饱和度、色彩平衡等）。

技能目标：能运用曲线、色阶、色相饱和度、色彩平衡等色彩调整命令调整图像的颜色和色调，制作出一些特殊的色彩效果。

 **重点与难点**

重点：Photoshop CS6 的色彩调整命令。

难点：Photoshop CS6 的色彩调整命令的运用和区别。

更多惊喜

任务一　制作火焰字

【知识要点】

【颜色模式】　记录颜色表现形式的载体。

【索引颜色】　采用一个颜色表存放并索引图像中的颜色。

【颜色表】　可以更改索引颜色图像的颜色表。

【灰度模式】　用单一色调表现图像。

【任务目标】

通过对火焰字的制作，掌握【颜色模式】的概念，能运用【索引颜色】、【颜色表】、【灰度模式】来制作一些特殊的图像效果。

【操作步骤】

01 执行【文件】/【新建】命令，弹出【新建】对话框，参数设置如图9-1所示，新建一个文件。

02 选择前景色为黑色，按【Alt+Del】组合键将背景填充为黑色。

03 选择【文字工具】，输入【火焰字体】，并设置字体为华文行楷、字号为100点、颜色为白色，再选择【移动工具】，移至稍下位置，效果如图9-2所示。

图9-1　新建一个文件

图9-2　书写"火焰字体"文字效果

04 执行【图像】/【旋转画布】/【90 度（顺时针）】命令，将画布顺时针旋转 90°，效果如图 9-3 所示。

05 执行【滤镜】/【风格化】/【风】菜单命令，此时弹出如图 9-4 所示的提示对话框，单击【确定】按钮，弹出【风】滤镜设置对话框，按如图 9-5 所示的参数进行设置，执行两到三次，再执行【图像】/【旋转画布】/【90 度（逆时针）】命令，最后效果如图 9-6 所示。

图9-3　文字旋转效果

图9-4　提示对话框

图9-5　【风】对话框

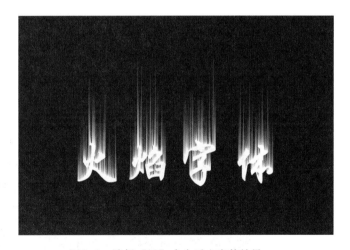

图9-6　选择【风】命令后文字的效果

06 执行【滤镜】/【扭曲】/【波纹】命令，弹出【波纹】对话框，按如图 9-7（a）所示的参数进行设置，完成后单击【确定】按钮。

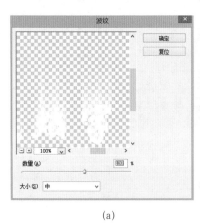

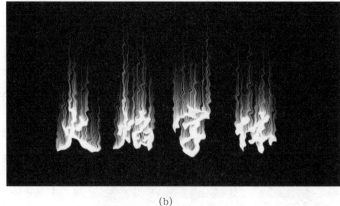

(a)   (b)

图9-7 选择【波纹】命令

07 执行【图像】/【模式】/【灰度】命令，弹出如图9-8所示的提示框，单击【拼合】按钮，图像色彩模式转换为灰度模式。

08 执行【图像】/【模式】/【索引颜色】命令，图像转换为【索引模式】，再执行【图像】/【模式】/【颜色表】命令，弹出如图9-9所示的对话框在【颜色表】下拉列表框中选择【黑体】，单击【确定】按钮，最终得到的火焰字效果如图9-10所示。

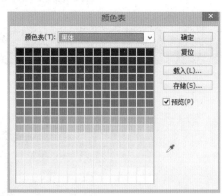

图9-8 【拼合图像】提示框   图9-9 【颜色表】对话框

图9-10 【火焰字】最终效果

【知识要点学习】

（一）颜色模式

图像的【颜色模式】(Model)是色彩管理的先驱，要制作良好的图像处理作品，除了较好的图像分辨率之外，还必须根据需要选择合适的色彩模式。颜色模式主要有位图(Bitmap)模式、灰度(Crayscal)模式、RGB模式、CMYK模式、索引(Indexed)模式、Lab模式、HSB模式等，具体内容在项目一中已经具体介绍，这里不再赘述。

（二）色域

色域指色彩范围，不同的色彩模式其色域范围也不相同。Lab模式的色域最广，包括了RGB和CMYK色域中的所有颜色。RGB为显示器所能显示的所有颜色，某些打印时很纯的颜色在显示器上就不能正确显示，CMYK仅包括4色油墨能打印出来的颜色。前面提到在转换颜色模式时都可能造成颜色信息的丢失，这是因为转换模式时，目标模式不支持的颜色，也就是超出色域之外的颜色都将被调整到色域范围内。因此，在进行图像色彩模式转换时，应注意如下3点：

(1) 在原模式下完成图像的所有编辑处理工作后，再进行模式转换。

(2) 在转换之前应保留一个备份，最好采用包含各图层信息的模式。

(3) 在转换之前将图层合并，以避免图层混合模式在色彩模式变化后产生的作用也发生变化。

（三）索引颜色

【索引颜色】就是采用一个【颜色表】存放并索引图像中的颜色，可以减小文件的大小，同时保持视觉上的品质不变，该模式最多使用256种颜色。当转换为【索引颜色】时，Photo-shop将构建一个颜色查找表(CLUT)，用以存放并索引图像中的颜色。如果原图像中的某种颜色没有出现在该表中，则程序将选取现有颜色中最接近的一种，或使用现有颜色模拟该颜色。

（四）颜色表

该命令可以更改索引颜色图像的颜色表。此功能对于伪色图像尤其有用，该命令用颜色而非灰度级来显示灰阶变化，通常运用于科学和医学领域。不过，自定义颜色表也可以对颜色数量有限的索引颜色图像产生特殊效果。

【小结】

本任务通过对【火焰字】的制作，学习了【颜色模式】和【颜色表】等颜色基本概念及使用。

任务二　调整图像的色调

【知识要点】

【曲线】　可调整图像的整个色调范围。

【色阶】　可调整图像的阴影、中间调和高光。

【色相饱和度】　可以改变图像的色相和饱和度。

【任务目标】

掌握曲线、色相、饱和度的基本概念，能用色彩调整命令对图像的色调进行调整。

【操作步骤】

01 打开如图 9-11 所示的素材图片，执行【图像】/【模式】/【Lab 颜色】命令，进入【通道】面板，选择【b】通道，按【Ctrl + A】组合键全选，按【Ctrl + C】组合键复制，选中【a】通道按【Ctrl + V】组合键粘贴，回到【图层】面板，执行【图像】/【模式】/【RGB 颜色】命令，效果如图 9-12 所示。

图9-11　原始图片　　　　　　　　　　图9-12　通道变换后的效果

02 执行【图像】/【调整】/【色相／饱和度】命令，参数设置如图 9-13、图 9-14、图 9-15 所示，效果如图 9-16 所示。

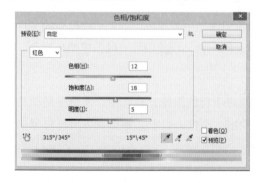

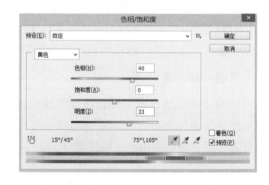

图9-13　【色相/饱和度】参数设置（一）　　　图9-14　【色相/饱和度】参数设置（二）

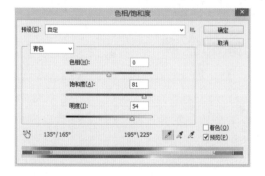

图9-15　【色相/饱和度】参数设置（三）　　　图9-16　调整【色相/饱和度】后的效果

03 执行【图像】/【调整】/【曲线】命令，分别选择【蓝】通道和【红】通道，参数调整如图 9–17 和图 9–18 所示，效果如图 9–19 所示。

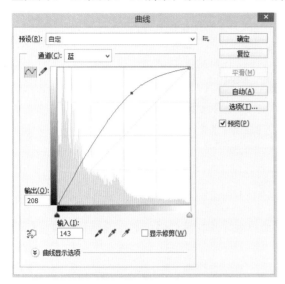
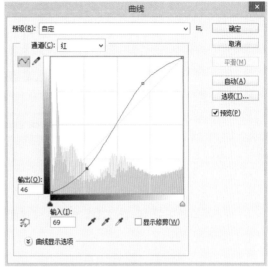

图9–17　【蓝色】通道参数调整　　　　　　　　图9–18　【红色】通道参数调整

图9–19　最终效果

【知识要点学习】

（一）色阶

【色阶】主要用于调整图像的色调，即明暗度。【色阶】对话框如图 9–20 所示。其对话框中的各选项说明如下。

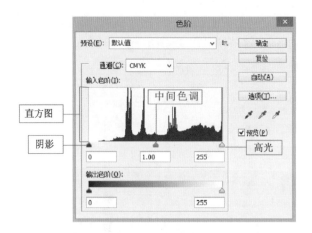

图9-20 【色阶】对话框

(1)【通道】：选择【RGB】调整，则对所有通道起作用，选择【红】、【绿】、【蓝】则对单一通道起作用。

(2)【输入色阶】：直接输入数值或利用滑块调整图像的暗调、中间调和高光。左侧文本框中的数值可增加图像暗部的色调，原理是将图像中亮度值小于该数值的所有像素都变成黑色；中间文本框中的数值可调整图像的中间色调，数值小于1.00时中间色调变暗，大于1.00时中间色调变亮；右侧文本框中的数值可增加图像亮部的色调，它会将所有亮度值大于该数值的像素都变成白色。一幅色调好的图像，【输入色阶】的上述3个滑块对应处都应有较均匀的像素分布。

(3)【输出色阶】：主要是限定图像输出的亮度范围，它会降低图像的对比度。左侧文本框中的数值可调整亮部色调；右侧文本框中的数值可调整暗部色调。

(4)【吸管工具】：从左至右依次为黑色、灰色和白色吸管，单击其中一个吸管后，将鼠标移至图像区域，光标会变成相应的吸管形状。【黑色吸管】使图像变暗、【白色吸管】使图像变亮、【灰色吸管】使图像的色调重新调整分布。

(5)【自动】：单击【自动】按钮，Photoshop将自动对图像进行调整。图9-21所示的即为原图片及调整【色阶】后的对照图。

| (a) | (b) |

图9-21 原图及色阶【调整】后的对照图

（二）曲线

该命令是使用较广泛的色调控制方式，其功能和【色阶】相同，但比【色阶】命令可以做更多、更精密的设置。【色阶】命令只使用 3 个变量（高光、中间调、暗调）进行调整，而【曲线】可以调整 0 ~ 255 范围内的任意点，最多可同时使用 15 个变量。【曲线】对话框如图 9-22 所示。

刚打开时，曲线是对角线，表示输入色阶等于输出色阶，即未调整。改变网格中的曲线形状即可调整图像的亮度、对比度和色彩平衡等。网格中的横坐标表示【输入】色调（原图像色调），纵坐标表示【输出】色调（调整后的图像色调），变化范围都在 0 ~ 255。网格右下角的两个工具按钮可用于绘制曲线。

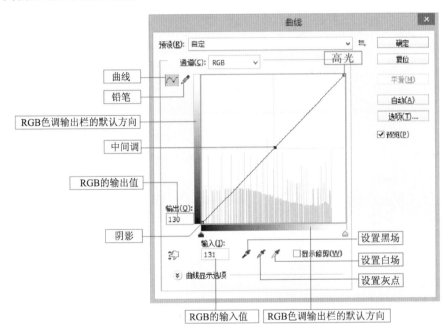

图9-22　【曲线】对话框

（1）【曲线】工具的使用方法如下：

① 选中曲线工具。

② 将鼠标指针移到网格中，当鼠标变成【+】字形状时，单击以产生一个节点，该点的输入输出值将显示在对话框左下角的【输入】、【输出】数值框中，最多可在网格中增加 14 个节点。要删除节点，将其拖移到网格框以外即可。

③ 当鼠标指针移到节点上变成带箭头的【+】字形状时，按下鼠标左键并拖动节点，即可改变节点的位置，从而改变曲线的形状，当曲线向左上角弯曲时，表示输出大于输入，则图像色调变亮，向右下角弯曲，则图像变暗。

（2）使用【铅笔工具】来调整曲线形状的方法如下：

① 选中【铅笔工具】。

② 移动鼠标到网格中进行绘制，甚至可以绘制不连续的曲线，如图 9-23 所示。

③ 单击对话框中的【平滑】按钮，可改变【铅笔工具】绘制的曲线平滑度，多次单击按钮会使曲线更加平滑，最后接近于直线。图9-23是在图9-24所示的铅笔绘制的基础上，3次按下【平

滑】按钮后的效果。

调整曲线显示单位的方法如下：

单击曲线网格下方的色谱条，可以将曲线的显示单位在百分比和像素值之间转换，转换数值显示方式的同时也会改变亮度的变化方向。在缺省状态下，色谱带表示的颜色是从黑到白，从左到右输入值逐渐增加，从下到上输出值逐渐增加。当切换为百分比显示时，则黑白互换位置，变化方向刚好与原来相反。

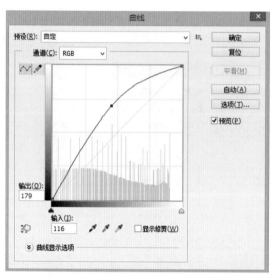

图9-23　用【铅笔工具】绘制曲线　　　　　　图9-24　平滑曲线

> **提示**
>
> 在使用曲线进行图像调整时，最常用的是采用"S"形调整，即将曲线调整成"S"形，突出图像的主体层次，增加对比度。

（三）色相／饱和度

该命令用于调整图像的【色相】、【饱和度】和【明度】，在前面已提过色相即色彩颜色，饱和度即色彩纯度，明度即黑白颜色的百分量。注意此处的【明度】不同于【亮度／对比度】中的亮度，改变【明度】的同时，【色彩纯度】和【对比度】保持不变，而改变【亮度】会同时影响色彩【纯度】和【对比度】。

【色相／饱和度】各选项说明如下：

执行【图像】／【调整】／【色相／饱和度】命令，打开如图 9-25 所示的对话框。

（1）【预设】：可选择红色、黄色、绿色、青色、蓝色和洋红调整单一颜色或选择全图调整整个图像的色相与饱和度。

（2）【色相】、【饱和度】、【明度】：可直接输入数值或拖动滑块调整。

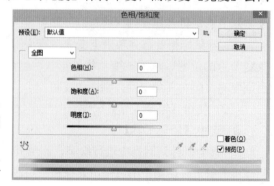

图9-25　【色相/饱和度】对话框

(3)【颜色条】：底部的两个颜色条，上面的一个表示调整前的状态，下面的表示调整后的状态。

(4)【着色】：选中时，可将灰色或黑白图像染上单一颜色，或将彩色图像转变为单色。

【小结】

本任务通过对图片色调的调整，学习曲线、色阶、色相饱和度的基本概念及使用方法。

任务三　给黑白照片上色

【知识要点】

【亮度 / 对比度】主要用来调整图像的亮度和对比度。

【色彩平衡】可以改变图像中多种颜色的混合效果，调整整体图像的色彩平衡。

【任务目标】

掌握亮度 / 对比度和色彩平衡的基本概念，能用色彩调整命令对图像的色调进行调整。

【操作步骤】

01　打开一张黑白照片，如图 9—26 所示。

02　执行【图像】/【模式】/【CMYK 颜色】命令，将图像转换为【CMYK 模式】，转换的目的是获取与皮肤相近的颜色，此时的【通道】面板如图 9-27 所示。

图9-26　原始图片素材

图9-27　【通道】面板

03　把背景复制一层，在【通道】面板上选择【青色】通道，如图 9-28 所示，执行【图像】/【调整】/【亮度 / 对比度】命令，将亮度调到最大、对比度调到最小，如图 9-29 所示，单击【确定】按钮。

图9-28　调整青色通道

图9-29　调整【亮度/对比度】

04 查看【CMYK】通道，得到如图 9-30 所示的效果。若认为颜色还不够真实，执行【图像】/【调整】/【色彩平衡】命令，在弹出的如图 9-31 所示的对话框中进一步调整至满意为止。

图9-30　调整后的效果

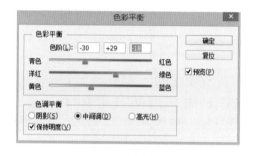

图9-31　调整色彩平衡

05 选择【多边形套索工具】选取【衣服】部分，如图 9-32 所示，执行【选择】/【修改】/【羽化】命令，设置【羽化】值为 1 像素，再执行【选择】/【修改】/【平滑】命令，设置【平滑】值为 1 像素，再执行【图像】/【调整】/【色相/饱和度】命令，选中【着色】复选框，参数设置如图 9-33 所示。

图9-32　选取【衣服】部分

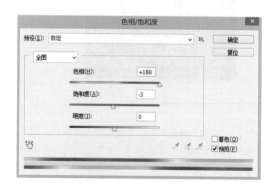

图9-33　调整【色相/饱和度】

06 选取【头发】部分，设置【羽化】值为2像素，单击【图层】面板的【创建新的填充或调整图层】按钮新建调整图层，在弹出的菜单中选择【色相／饱和度】类型，弹出【色相／饱和度】选项区域，选中【着色】复选框，参数设置如图9-34所示，单击【确定】按钮，此时的【图层】面板如图9-35所示。

07 选取【嘴唇】部分，设置【羽化】值为2像素，创建【色彩平衡】类型的调整图层，设置参数如图9-36所示，单击【确定】按钮，此时的【图层】面板如图9-37所示。

08 至此，图像的上色操作基本完成，再根据自己的实际情况使用【曲线】、【色阶】等命令进行简单的处理，有兴趣的话还可继续建立其他类型的调整图层对图片进行处理，最后效果如图9-38所示。

图9-34　设置【色相/饱和度】

图9-35　【图层】面板效果

图9-36　嘴唇色彩平衡设置

图9-37　【图层】面板

图9-38　上色后的效果

09 最后，确认效果已合乎要求，则合并图层，并转换为合适的色彩模式。

【知识要点学习】

（一）色彩平衡

该命令用于改变各色彩在图像中的混合效果，即改变彩色图像中颜色的组成。打开一幅图像后，执行【图像】／【调整】／【色彩平衡】命令，打开如图9-39所示的【色彩平衡】对话框。

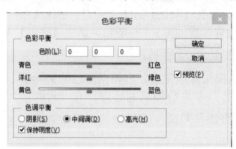

图9-39 【色彩平衡】对话框

【色彩平衡】对话中各选项说明如下：

（1）【色阶】：3个文本框对应下面的3个滑杆，可通过输入数值或移动滑块来调整色彩平衡，输入的数值为 -100 ~ 100，表示颜色减少或增加数。

（2）【色调平衡】：可选择【阴影】、【中间调】或【高光】分别调整其相应的色阶值；选中【保持明度】复选框可在【RGB 模式】图像颜色更改时保持色调平衡。

（二）亮度／对比度

该命令用于调整图像的亮度和对比度（不同颜色间的差异），将一次调整图像中所有像素（包括高光、中间调和暗调），执行【图像】／【调整】／【亮度／对比度】命令，弹出如图 9-40 所示的对话框。文本框中的数值为 -100 ~ 100，可直接输入或移动下面的滑块来进行调整。

图9-40 【亮度/对比度】对话框

（三）阴影／高光命令

该命令适用于校正由强逆光而形成剪影的照片，或者校正由于太接近相机闪光灯而有些发白的焦点，调整对话框如图 9-41 所示。在用其他方式采光的图像中，这种调整也可用于使阴影区域变亮。【阴影／高光】命令不是简单地使图像变亮或变暗，它基于阴影或高光中的周围像素（局部相邻像素）增亮或变暗。正因为如此，阴影和

图9-41 【阴影/高光】对话框

高光都有各自的控制选项。默认值设置为修复具有逆光问题的图像。【阴影／高光】命令还有【中间调对比度】滑块、【修剪黑色】选项和【修剪白色】选项，用于调整图像的整体对比度，图 9-42、图 9-43 所示的是调整一副图像的阴影和高光后（数值为 100,100）的效果对比。

图9-42　调整前的效果　　　　　　　　　　　　　图9-43　调整后的效果

（四）匹配颜色

该命令匹配不同图像之间、多个图层之间或者多个颜色选区之间的颜色，调整对话框如图 9-44 所示。它还允许通过更改【明亮度】和色彩范围，以及【中和】色痕来调整图像中的颜色。【匹配颜色】命令仅适用于【RGB 模式】。当使用【匹配颜色】命令时，指针将变成【吸管工具】。在调整图像时，使用【吸管工具】可以在【信息】面板中查看颜色的像素值，此面板会提供有关颜色值变化的反馈。

图9-44　【匹配颜色】对话框

【匹配颜色】命令将一个图像（源图像）的颜色与另一个图像（目标图像）中的颜色相匹配。当尝试使不同照片中的颜色保持一致，或者一个图像中的某些颜色（如皮肤色调）必须与另一个图像中的颜色匹配时，此命令非常有用。除了匹配两个图像之间的颜色以外，【匹配颜色】命令还可以匹配同一个图像中不同图层之间的颜色。将图 9-45 和图 9-46 进行【匹配颜色】，参数设置如图 9-47 所示，效果如图 9-48 所示。

图9-45　原始图像

图9-46　原始图像

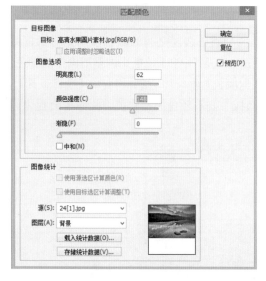

图9-47　参数设置

图9-48　匹配后的效果

（五）色调均化

该命令重新分布图像中像素的亮度值，以便它们更均匀地呈现所有范围的亮度级。【色调均化】将重新映射复合图像中的像素值，使最亮的值呈现为白色，最暗的值呈现为黑色，而中间的值则均匀地分布在整个灰度中。当扫描的图像显得比原稿暗，并且想平衡这些值以产生较亮的图像时，可以使用【色调均化】命令。配合使用【色调均化】和【直方图】命令，可以看到亮度的前后比较。

（六）去色

该命令将彩色图像转换为灰度图像，但图像的颜色模式保持不变。例如，它为 RGB 图像中的每个像素指定相等的红色、绿色和蓝色值，每个像素的明度值不改变。此命令与在【色相／

饱和度】对话框中将【饱和度】设置为【-100】的效果相同。如果正在处理多层图像，则【去色】命令仅转换所选图层。

（七）反相

该命令反转图像中的颜色。在处理过程中，可以使用该命令创建边缘蒙版，以便向图像的选定区域应用锐化和其他调整。由于彩色打印胶片的基底中包含一层橙色掩膜，因此，【反相】命令不能从扫描的彩色负片中得到精确的正片图像。在扫描胶片时，一定要使用正确的彩色负片设置。在对图像进行【反相】时，通道中每个像素的亮度值都会转换为 256 级颜色值刻度上相反的值。例如，值为 255 的正片图像中的像素会被转换为 0，值为 5 的像素会被转换为 250。图 9-49 和图 9-50 是一副图像执行【反相】前后的对比效果。

图9-49　【反相】前的效果

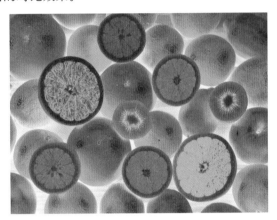

图9-50　【反相】后的效果

（八）阈值

该命令将灰度或彩色图像转换为高对比度的黑白图像。可以指定某个色阶作为阈值，所有比阈值亮的像素转换为白色；而所有比阈值暗的像素转换为黑色。图 9-51 和图 9-52 是一幅图像执行【阈值】（参数设置为 100）前后的效果。

图9-51　执行【阈值】前的效果

图9-52　执行【阈值】后的效果

（九）色调分离

该命令可以指定图像中每个通道的色调级（或亮度值）的数目，然后将像素映射为最接近的匹配级别。例如，在 RGB 图像中选取两个色调、色阶将产生 6 种颜色：两种代表红色，两种代表绿色，另外两种代表蓝色。在照片中创建特殊效果，如创建大的单调区域时，此命令非常有用。当减少灰色图像中的灰阶数量时，它的效果最为明显，但也会在彩色图像中产生有趣的效果。如果想在图像中使用特定数量的颜色，需将图像转换为灰度并指定需要的色阶数，然后将图像转换回以前的颜色模式，并使用想要的颜色替换不同的灰色调。图 9-53 和图 9-54 是一副图像执行【色调分离】（参数设置为 2）前后的效果。

图9-53 【色调分离】前的效果 图9-54 【色调分离】后的效果

（十）渐变映射

该命令将相等的图像灰度范围映射到指定的渐变填充色。如果指定双色渐变填充，例如，图像中的阴影映射到渐变填充的一个端点颜色，高光映射到另一个端点颜色，而中间调映射到两个端点颜色之间的渐变。图 9-55 和图 9-56 是一副图像执行【渐变映射】（参数设置如图 9-57所示）前后的效果。

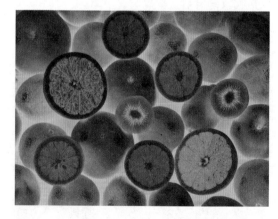

图9-55 执行【渐变映射】前的效果 图9-56 执行【渐变映射】后的效果

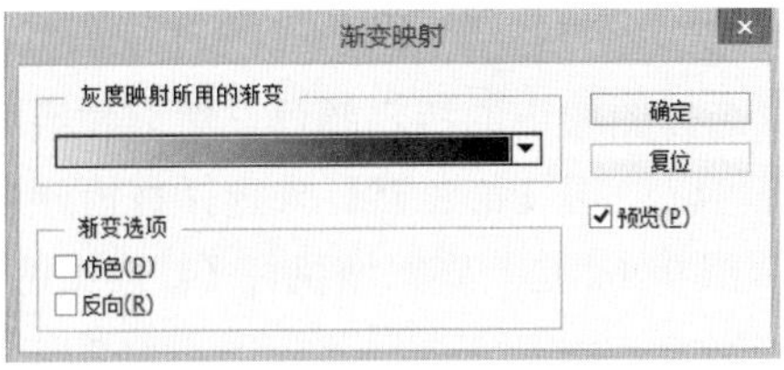

图9-57 【渐变映射】参数设置

（十一）通道混合器

该命令可以通过从每个颜色通道中选取它所占的百分比来创建高品质的灰度图像，还可以创建高品质的棕褐色调或其他彩色图像。使用【通道混合器】还可以进行用其他颜色调整工具不易实现的创意颜色调整。【通道混合器】使用图像中现有(源)颜色通道的混合来修改目标(输出)颜色通道。颜色通道是代表图像（RGB 或 CMYK）中颜色分量的色调值的灰度图像。在使用【通道混合器】时，在通过源通道向目标通道加减灰度数据。向特定颜色成分中增加或减去颜色的方法不同于使用【可选颜色】命令时的情况。图9-58和图9-59是一副图像执行【通道混合器】（参数设置如图9-60所示）前后的效果。

图9-58 原始图像

图9-59 执行【通道混合器】后的效果

图9-60 【通道混合器】参数设置

（十二）替换颜色

该命令可以创建蒙版，以选择图像中的特定颜色，然后替换那些颜色。可以设置选定区域的色相、饱和度和亮度。或者可以使用【拾色器】来选择替换颜色。由【替换颜色】命令创建的蒙版是临时性的。图9-61和图9-62是一副图像执行【替换颜色】（参数设置如图9-63所示）前后的效果。

图9-61 原始图像   图9-62 执行【替换颜色】后的效果

图9-63 【替换颜色】参数设置

（十三）变化

该命令可直观地调整图像或选区的色彩平衡、对比度和饱和度，是调整图像色调的快捷方法，使用比较方便，但注意它不能用于索引模式。打开图像后，执行【图像】/【调整】/【变化】命令，弹出如图9-64所示的对话框。

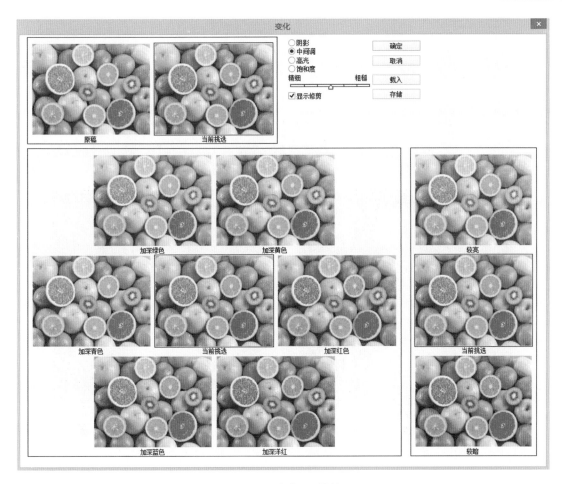

图9-64　【变化】对话框

可选择【阴影】、【中间调】、【高光】与【饱和度】单选按钮进行调整。可拖动【精细—粗糙】的滑块以确定每次调整的程度大小，精细表示细微调整。选中【显示修剪】复选框时，将高亮显示图像的溢色区域，以防止调整后出现溢色现象。在调整时，按要求单击相应的缩略图即可，单击左上角的【原稿】可恢复原始状态。

【小结】

本任务主要讲解了【图像】/【调整】命令中的【色彩平衡】、【亮度／对比度】、【色相／饱和度】及调整图层的基本使用方法，详细演示了为黑白照上色的操作过程。掌握了调整图层的创建与色彩调整，以及直接选中某区域进行色彩改变。需要注意的是，当直接利用【图像】/【调整】命令进行色彩修正时，当前图层不能为调整图层，否则【图像】/【调整】命令不可用。

项 目 实 训

项目实训一　人物图像调色

练习要点：综合利用本项目所学颜色调整命令及基本工具（如【曲线】、【色阶】、【色相／饱和度】、【调整图层】等）将图9-65中的偏色人物图像调出图9-66中的古典暗红质感色。

图9-65　原始图片

图9-66　调整后的图片

项目实训二　给黑白照片上色

利用【图像调整】命令、基本工具对黑白图像上色。效果可参考图9-67所示。

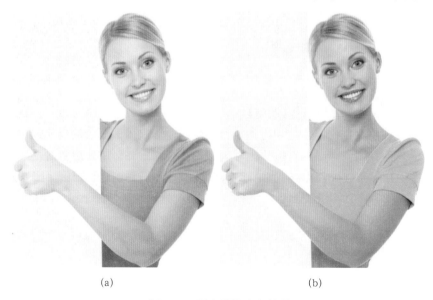

(a)　　　　　　　　　　　　　　(b)

图9-67　黑白照片上色效果

项 目 总 结

本项目主要介绍了调整图像色彩与色调的多种相关命令，通过本项目3个任务的学习，可以根据不同的需要应用多种调整命令对图像的色彩或色调进行调整，还可以对图像进行特殊颜色的处理。

思考与练习

选择题

1. 下列（　　）是 Photoshop 图像最基本的组成单元。

　　A. 节点　　　　　　　B. 色彩空间　　　　　C. 像素　　　　　　D. 路径

2. 图像必须是（　　）模式，才可以转换为位图模式。

　　A. RGB　　　　　　　B. 灰度　　　　　　　C. 多通道　　　　　D. 索引颜色

3. 索引颜色模式的图像包含（　　）种颜色。

　　A. 2　　　　　　　　B. 256　　　　　　　C. 约 65 000　　　　D. 1 670 万

4. 当将 CMKY 模式的图像转换为多通道时，产生的通道名称是（　　）。

　　A. 青色、洋红和黄色　　　　　　　　　　　B. 4 个名称都是 Alpha 通道

　　C. 4 个名称为 Black（黑色）的通道　　　　D. 青色、洋红、黄色和黑色

5. 当图像是（　　）模式时，所有的滤镜都不可以使用。

　　A. CMYK　　　　　　B. 灰度　　　　　　　C. 多通道　　　　　D. 索引颜色

6. 若想增加一个图层，但是图层调色板下面的【创建新图层】按钮是灰色不可选，原因是（　　）。

　　A. 图像是 CMYK 模式　　　　　　　　　　　B. 图像是双色调模式

　　C. 图像是灰度模式　　　　　　　　　　　　D. 图像是索引颜色模式

7. CMYK 模式的图像有（　　）个颜色通道。

　　A. 1　　　　　　　　B. 2　　　　　　　　C. 3　　　　　　　D. 4

项目十

滤　　镜

 背景说明

　　滤镜是 Photoshop 的特色之一，具有强大的功能。滤镜产生的复杂数字化效果源自摄影技术，滤镜不仅可以改善图像的效果并掩盖其缺陷，还可以在原有图像的基础上产生许多特殊的效果。本项目将重点讲解使用频率较高的重要内置滤镜及特殊滤镜的使用方法，掌握这些滤镜的使用方法有助于制作特殊的文字、纹理、材质等效果，并且能够提高处理图像的技巧。

　　（1）滤镜只能应用于当前可视图层，且可以反复应用，连续应用。但一次只能应用在一个图层上。

　　（2）滤镜不能应用于位图模式、索引颜色和 48bit RGB 模式的图像，某些滤镜只对 RGB 模式的图像起作用，如画笔描边、素描、纹理、艺术效果和视频滤镜等就不能在 CMYK 模式下使用。还有，滤镜只能应用于图层的有色区域，对完全透明的区域没有效果。

　　（3）有些滤镜完全在内存中处理，所以内存的容量对滤镜的生成速度影响很大。

　　（4）有些滤镜很复杂或者要应用滤镜的图像尺寸很大，执行时需要很长时间，如果想结束正在生成的滤镜效果，只需按【Esc】键即可。

　　（5）上一次使用的滤镜将出现在滤镜菜单的顶部，可以通过执行此命令对图像再次应用上次使用过的滤镜效果。

更多惊喜

　　（6）如果在滤镜设置窗口中对自己调节的效果感觉不满意，希望恢复调节前的参数，可以按住【Alt】键，这时取消按钮会变为复位按钮，单击此按钮就可以将参数重置为调节前的状态。

学习目标

知识目标：学习各组部分滤镜的使用。

技能目标：能利用各种常用滤镜来编辑、制作特殊的图像效果。

重点与难点

重点：滤镜库、液化、消失点、风格化、模糊、扭曲、锐化、渲染等。

难点：液化、抽出、模糊、光照效果、消失点。

任务一　制作冰雪字效果

【知识要点】

　　【滤镜库】　执行【滤镜】/【滤镜库】命令，弹出如图10-1所示的对话框。由图中可以看出，【滤镜库】命令是众多滤镜集合至该对话框中，通过打开某一个滤镜并单击相应命令的缩略图即可对当前图像应用该滤镜，应用滤镜后的效果显示在左侧的【预览区】中，如图10-1所示。

图10-1　【滤镜库】对话框

【晶格化】　此滤镜将像素结块为纯色多边形，类似于晶体中的晶格。

【添加杂色】　使用此滤镜可以为图像添加杂点。

【高斯模糊】　可以得到轻微柔化图像边缘的效果。

【风】　可以使图像从边缘处产生一些细小的水平线，从而得到类似于风吹的效果。

【任务目标】

掌握部分常用滤镜的基本操作方法，并能够结合通道对图像进行编辑、处理。

【操作步骤】

01 单击【文件】/【新建】命令，新建一幅 300*300 像素的图像，颜色模式为 RGB。

02 选择【文字工具】，输入文字【冰】，字体设置为楷体、黑色，大小为 200 点，如图 10-2 所示。

03 载入冰字选区，合并图层，如图 10-3 所示。

图10-2　创建文字后的效果　　　　　　　　图10-3　载入文字选区后的效果

04 执行【选择】/【反向】命令，将文字选区反选。执行【滤镜】/【像素化】/【晶格化】命令，再执行【选择】/【反选】命令，得到的选区如图 10-4 所示。

05 执行【滤镜】/【添加杂色】命令，弹出【添加杂色】对话框，参数设置如图 10-5 所示。

图10-4　执行【晶格化】并【反向】后得到的选区　　　　图10-5　【添加杂色】对话框

06 执行【滤镜】/【高斯模糊】命令，弹出【高斯模糊】对话框，参数设置如图 10-6 所示。执行【图像】/调整/【曲线】命令，弹出【曲线】对话框，参数设置如图 10-7 所示。

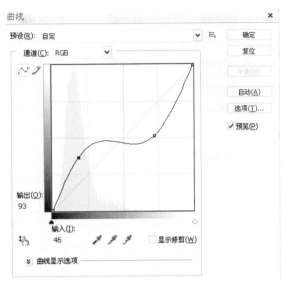

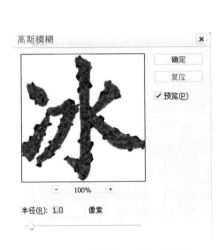

图10-6 【高斯模糊】对话框　　　　　　　　　图10-7 【曲线】对话框

07 取消选择，得到效果如图 10-8 所示，执行【反相】命令，得到效果如图 10-9 所示。

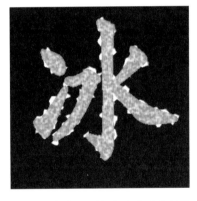

图10-8 取消选择后效果　　　　　　　　　图10-9 执行【反相】命令后的效果

08 执行【图像】/【画布旋转】/【90 度顺时针】命令，旋转画布，然后执行【滤镜】/【风格化】/【风】命令，设置参数如图 10-10 所示，得到效果如图 10-11 所示。

09 执行【图像】/【画布旋转】/【90 度逆时针】命令，将画布旋转回来。

10 执行【图像】/【调整】/【色相/饱和度】命令，设置参数如图 10-12 所示。

11 单击【确定】按钮，得到最终效果如图 10-13 所示。

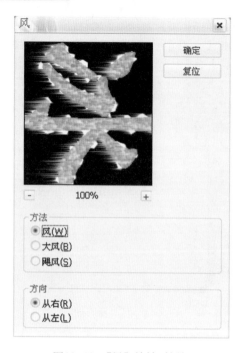

图10-10 【风】滤镜对话框

图10-11 执行【风】滤镜后的效果

图10-12 【色相/饱和度】对话框

图10-13 最终效果图

【知识要点学习】

（一）滤镜的应用

（1）多次应用同一滤镜。

通过应用多个同样的滤镜，可以增强滤镜对图像的作用，使滤镜效果更加显著。多次应用同一滤镜的对比效果如图10-14所示。按【Ctrl + F】组合键可以重复使用上一次的滤镜。

(a) 原图　　　　　　　　　　(b) 应用1次波纹　　　　　　　　(c) 应用4次波纹

图10-14　多次应用同一滤镜的效果

（2）应用多个不同滤镜。

可以对一幅图片应用多个不同的滤镜来达到想要的效果，应用多个不同滤镜的效果如图10-15所示。

(a) 原图　　　　　　　(b) 应用【影印】的效果　　　　(c) 应用【影印】和【晶格化】的效果

图10-15　应用多个不同滤镜的效果

（3）滤镜顺序。

滤镜顺序决定了当前操作的图像的最终效果，因此，当这些滤镜的应用顺序发生变化时，最终得到的图像效果也会发生变化。图10-16所示的是原效果，图10-17所示为改变滤镜效果列表中滤镜顺序后的效果。

（4）屏蔽及删除滤镜。

在【滤镜库】面板中，单击右下角的【新建图层效果】按钮，可以添加滤镜，单击滤镜旁边的眼睛图标，可屏蔽该滤镜，从而在预览图像中去除对当前图像产生的影响。通过在滤镜效果列表中选择滤镜并单击删除按钮，可删除已应用的滤镜。

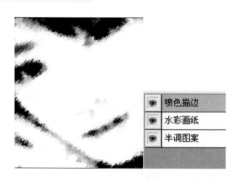

图10-16　原效果　　　　　　　　　　图10-17　调整滤镜顺序后的效果

（二）晶格化

此滤镜将像素结块为纯色多边形，类似于晶体中的晶格，应用效果如图10-18所示。

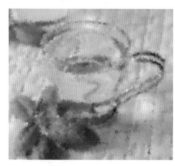

（a）原图　　　　　　　　　（b）晶格化数值为5　　　　　　　　（c）晶格化数值为10

图10-18　应用【晶格化】效果

（三）添加杂色

使用此滤镜可以为图像添加杂点，效果如图10-19所示。

（a）原图　　　　　　　　　（b）添加杂色数值为20　　　　　　　（c）添加杂色数值为100

图10-19　使用【添加杂色】效果

（四）高斯模糊

可以得到轻微柔化图像边缘的效果。应用【高斯模糊】的效果如图10-20所示。

| (a) 原图 | (b) 【高斯模糊】效果 | (c) 局部【高斯模糊】效果 |

图10-20　应用【高斯模糊】效果

（五）风

使用该滤镜可以使图像从边缘处产生一些细小的水平线，从而得到类似于风吹的效果，如图 10-21 所示。

| (a) 原图 | (b) 【风】滤镜效果 | (c) 局部【风】滤镜效果 |

图10-21　【风】滤镜效果

【风】滤镜还可以制作出冰雪字之外的其他文字效果，例如火焰字的制作原理也与冰雪字类似（在项目九的任务一中讲解过制作方法），如图 10-22 所示。

图10-22　火焰字效果

【小结】

在 Photoshop 处理图像中，滤镜一直发挥着重要的作用。掌握好滤镜的使用可以让图片出现意想不到的效果。本任务大致介绍了滤镜的使用方法，可以看出在整个图像处理中，滤镜效果是配合其他命令同时进行的，只有将 Photoshop 的其他基础知识掌握扎实之后才能游刃有余地使用滤镜效果。

任务二　特殊滤镜的使用

【知识要点】

【消失点滤镜】　消失点滤镜的特殊之处就在于，可以使用它对图像进行透视上的处理，使之与其他对象的透视关系保持一致。

【液化】　使用此滤镜可以对图像进行扭曲变形处理。

【任务目标】

掌握特殊（如【消失点】、【液化】）滤镜的使用方法，能用这些滤镜结合 Photoshop 中的基本工具对图像进行处理。

【操作步骤】

❶　执行【文件】／【打开】命令，打开一幅图像，如图 10-23 所示。

图10-23　原始图片

❷　执行【滤镜】／【消失点】命令，在弹出的对话框左侧选择【创建平面工具】，在预览窗口绘制一个平面透视网格，如图 10-24 所示。

图10-24 绘制网格后的效果

03 选择【选框工具】 ，将木板上的白色文字框选。绘制的矩形选区与透视网格的形状一致。如图 10-25 所示。

图10-25 框选白色文字

04 按【Ctrl】键同时按住鼠标左键拖动，观察透视关系的匹配程度，得到效果如图 10-26 所示。

图10-26 拖动后的效果

05 再重复上面的步骤，得到效果如图 10-27 所示。

观察图像发现，图中有拼接的痕迹，再次利用【选框工具】选出拼接好的图像，如图 10-28 所示。

图10-27　不断重复后得到的效果

图10-28　【选框工具】选出拼接好的图像

06 按住【Alt】键，同时按住鼠标左键并拖动，将该部分的图像复制到有拼接痕迹的地方，消除拼接痕迹，如图 10-29 所示。

图10-29　消除拼接痕迹后的效果

07 如此重复完全消除拼接痕迹后得到的效果如图 10-30 所示。

图10-30　完全消除拼接痕迹后的效果

08 单击【确定】按钮，得到最终效果如图 10-31 所示。

图10-31　最终效果图

【知识要点学习】

（一）消失点

执行【滤镜】／【消失点】命令，弹出【消失点】对话框如图 10-32 所示。对话框由工具选项区、工具提示区、工具区、图像编辑区所组成。

图10-32　【消失点】对话框

下面分别介绍对话框中各个区域及工具的功能。
（1）工具区：在该区域包含了用于选择和编辑图像的工具。

（2）工具选项区：该区域用于显示所选工具的选项及参数。

（3）工具提示区：该区域中显示了对该工具的提示信息。

（4）图像编辑区：在此可对图像进行复制、修复等操作，同时可以即时预览调整后的效果。

（5）【编辑平面工具】▣：使用该工具可以编辑当前的透视网格平面。

（6）【创建平面工具】▦：使用该工具可以为当前图像创建透视网格平面。

（7）【选框工具】▢：使用该工具可以在透视网格内绘制选区，以选中要复制的图像，而且所绘制的选区与透视网格的头饰角度是相同的。

（8）【仿制图章工具】▲：按住【Alt】键使用该工具可以在透视网格内定义一个源图像，然后在需要的地方进行涂抹即可。

（9）【画笔工具】✎：使用该工具可以在透视网格内进行绘图。

（10）【变换工具】▨：由于复制图像时，图像的大小是自动化的，当对图像大小不满意时，即可使用此工具对图像进行放大或缩小操作。

（11）【吸管工具】✐：使用该工具可以在图像中单击以吸取画笔绘图时所用的颜色。

（12）【抓手工具】✋：使用该工具在图像中拖动可以查看未完全显示出来的图像。

（13）【缩放工具】🔍：使用该工具在图像中单击可以放大图像的显示比例。按住【Alt】键在图像中单击即可缩小图像的显示比例。

正如前面介绍的一样，【消失点】滤镜主要用在处理具有透视关系的图片中，例如图10-33是为建筑物添加标志的效果。

(a) 原图　　　　　　　　　　　　　　(b) 利用消失点滤镜加了文字标志

图10-33　【消失点】滤镜的使用

（二）液化

使用【液化】滤镜所提供的工具，可以对图像任意扭曲，还可以定义扭曲的范围和强度。可以使用此滤镜进行人物身材的修饰，如瘦腰、细腿，或者将腿部拉长、眼睛变大等，效果如图10-34所示。

（a）原图　　　　　　　　　　　　　（b）使用【液化】滤镜瘦腰

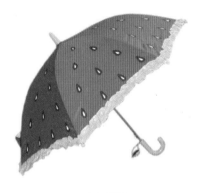 

（c）原图　　　　　　　　　　　　　（d）使用【液化】滤镜扭曲

图10-34　【液化】滤镜的使用

（三）镜头校正

【镜头校正】滤镜根据各种相机与镜头的测量自动校正，可以轻易消除桶状和枕状变形、相片周边暗角，以及造成边缘出现彩色光晕的色相差。

（1）按【Ctrl+O】组合键打开一幅素材图像文件，如图 10-35 所示。

图10-35　素材图片

（2）按【Shift+Ctrl+R】组合键，打开【镜头校正】对话框，（或在 Photoshop CS6 菜单栏单击【滤镜】/【镜头校正】命令）。

（3）在 Photoshop CS6【自动校正】选项卡中的【搜索条件】选项区域中，可以设置相机的品牌、型号和镜头型号，如图 10-36 所示。

图10-36 【镜头校正】对话框

（4）在【镜头校正】对话框左侧选择【拉直工具】，在 Photoshop CS6 图像中绘制一条线以将图像拉直到新的横轴或纵轴，如图 10-37 所示。

图10-37 使用【拉直工具】校正图像

（5）拉直后得到如图 10-38 所示效果。

图10-38 校正后效果图

（6）切换到【镜头校正】对话框中右侧的【自定】选项卡，如图 10-39 所示，可调整设置【移去扭曲】、调整【色差】、【透视】等。

图10-39 【自定】选项卡参数调整

（7）设置完成后，单击【确定】按钮，即可得到镜头校正后的效果。

【小结】

本任务介绍了一些特殊滤镜，这些滤镜在特定的图像处理中发挥着不可替代的作用。需要对这一部分的知识认真掌握。

任务三 内置滤镜的使用

【知识要点】

【像素化滤镜组】　将图像分成一定的区域，将这些区域转变为相应的色块，再由色块构成图像，类似于色彩构成的效果。

【模糊滤镜组】使选区或图像柔和，淡化图像中不同色彩的边界，以达到掩盖图像的缺陷或创造出特殊效果。

【扭曲滤镜组】通过对图像应用扭曲变形实现各种效果。

【锐化滤镜组】快速聚焦模糊边缘，提高图像中某一部位的清晰度或者焦距程度，使图像特定区域的色彩更加鲜明。

【渲染滤镜组】使图像产生三维映射云彩图像、折射图像和模拟光线反射，还可以用灰度文件创建纹理进行填充。

【杂色滤镜组】可以添加或去掉图像中的杂色，可以创建不同寻常的纹理或去掉图像中有缺陷的区域。

【任务目标】

掌握部分常用滤镜的作用和具体使用方法，通过练习使用这些滤镜，达到举一反三的目的。

【知识要点学习】

（一）马赛克

可以将图像的像素扩大，从而得到【马赛克】的效果，如图 10-40 所示。

(a) 原图　　　　　　　　　　(b) 应用【马赛克】滤镜效果

图10-40　【马赛克】滤镜的使用

（二）置换

可以用一张 psd 格式的图像作为位移图，使当前操作的图像根据位移图产生弯曲，效果如图 10-41 所示。

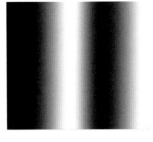

（a）原图　　　　　　　　　　（b）置换图　　　　　　　　　　（c）最终效果

图10-41　贴图【置换】滤镜的使用

（三）极坐标

使用该滤镜，可以将图像的坐标类型从直角坐标转换为极坐标或从极坐标转换为直角坐标，从而使图像发生变形，图 10-42 所示为使用【极坐标】滤镜命令的前后对比效果。

（a）原图　　　　　　　　　　　（b）应用【极坐标】滤镜后的效果

图10-42　【极坐标】滤镜的使用

（四）切变

可以根据对话框中的曲线来弯曲图像，图 10-43 所示为原图及使用【切变】滤镜命令得到前后的弯曲对比效果。

（a）原图　　　　　　（b）应用【切变】滤镜后的效果

图10-43　【切变】滤镜的使用

（五）蒙尘与划痕

该滤镜可以消除图像的划痕，如图 10-44 所示为具有划痕的原图像及使用此滤镜后的效果图。

（a）原图 　　　　　　　　　　（b）应用【蒙尘与划痕】滤镜后的效果

图10-44 　【蒙尘与划痕】滤镜的使用

（六）动感模糊

【动感模糊】滤镜可以模拟拍摄运动物体产生的动感模糊效果，图 10-45 所示是原图像及使用此滤镜的对比效果图。

（a）原图 　　　　（b）应用【动感模糊】的效果 　　　（c）局部应用【动感模糊】的效果

图10-45 　【动感模糊】滤镜的使用

（七）径向模糊

使用该滤镜可以生成旋转模糊或从中心向外辐射的模糊效果，图 10-46 所示为【径向模糊】滤镜使用前后对比图。

（a）原图 　　　　　（b）应用【径向模糊】的效果 　　　（c）局部应用【径向模糊】的效果

图10-46 　【径向模糊】滤镜的使用

（八）镜头模糊

使用该滤镜可以为图像应用模糊效果以产生更窄的景深效果，以便使图像中的一些对象在焦点内，而使另一些区域变得模糊。【镜头模糊】滤镜使用深度映射来确定像素在图像中的位置，可以使用 Alpha 通道和图层蒙版来创建深度映射，Alpha 通道中的黑色区域被视为图像的近景，白色区域被视为图像的远景。图 10-47 (a) 为原图像，图 10-47 (b) 为通道面板 Alpha，图 10-47 (c) 为【镜头模糊】对话框，图 10-47 (d) 为应用【镜头模糊】命令后的效果。

(a) 原图

(b) 通道Alpha

(c) 【镜头模糊】对话框

(d) 应用【镜头模糊】的效果

图10-47 【镜头模糊】滤镜的使用

（九）新增模糊滤镜

1. 场景模糊

这款滤镜可以对图片进行焦距调整，这与拍摄照片的原理一样，选择好主体后，主体之前及之后的物体就会相应地模糊。选择的镜头不同，模糊的方法也略有差别。不过【场景模糊】可以对一幅图片全局或多个局部进行模糊处理。

2. 光圈模糊

顾名思义就是用类似相机的镜头来对焦，焦点周围的图像会相应地模糊。在【场景模糊】面板中也有【光圈模糊】，可以同时使用。而后者也有【模糊效果】选项，具体参数和【场景模糊】中的一样。

3. 倾斜偏移

是用来模仿微距图片拍摄的效果，比较适合俯拍或者镜头有点倾斜的图片使用。其中，移轴效果照片一直是摄影师们非常钟爱的一种形式，移轴效果可以将景物变成非常有趣的模型方式。在【场景模糊】面板中也有【倾斜偏移】选项，可以同时使用。而后者也有【模糊效果】选项，具体参数和【场景模糊】中的一样。

（十）云彩

使用该滤镜可以将前景色和背景色之间变化的随机像素值转换为柔和的云彩图案，所以要得到逼真的云彩效果，需要将前景色和背景色设置好。在前景色和背景色分别为蓝色和白色状态下，【云彩】滤镜效果如图 10-48 所示。

图10-48 【云彩】滤镜效果

（十一）镜头光晕

使用该滤镜可以创建太阳光所产生的光晕效果。在【镜头光晕】对话框中的【亮度】文本框中输入数值或拖动三角滑块，可以控制光源的强度，在图像缩略图中单击可以选择光源的中心点。图 10-49 所示为原图像和应用了【镜头光晕】滤镜后的对比效果。

(a) 原图

(b) 应用【镜头光晕】的效果

图10-49 【镜头光晕】滤镜的使用

（十二）光照效果

使用该滤镜，可以通过改变 17 种光照样式、3 种光照类型和 4 种光照属性，从而在 RGB 图像上产生无数种光照效果。如图 10-50 所示为【光照效果】对话框和应用【光照效果】滤镜后的图像对比效果。

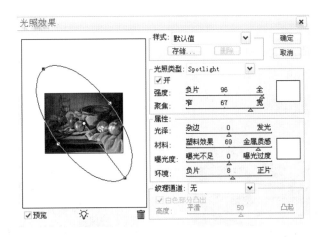

(a) 【光照效果】对话框

(b) 原图

(c) 应用【光照效果】后的效果

图10-50　【光照效果】滤镜的使用

（十三）阴影线

使用该滤镜可以模拟铅笔阴影线的效果，可以为图像添加纹理并粗糙化图像，同时彩色区域边缘可以保留原图像的细节和特征。图 10-51 所示为原图像及使用【阴影线】滤镜后的效果。

(a) 原图

(b) 应用【阴影线】滤镜的效果

图10-51　【阴影线】滤镜的使用

（十四）喷溅

使用该滤镜可以创建类似于用喷枪作图的效果，可以简化总体效果。图10-52所示为原图像和使用【喷溅】滤镜后的对比效果。

（a）原图　　　　　　　　　　　　（b）应用【喷溅】滤镜的效果

图10-52　【喷溅】滤镜的使用

（十五）龟裂缝

使用该滤镜后的效果就像在凹凸不平的浮雕石膏表面上绘制图像一样，得到的图像具有精细的裂纹效果。图10-53所示为原图像和使用【龟裂缝】滤镜后的对比效果。

（a）原图　　　　　　　　　　　　（b）应用【龟裂缝】滤镜的效果

图10-53　【龟裂缝】滤镜的使用

（十六）纹理化

使用该滤镜可根据设置为图像添加不同的纹理效果。图10-54所示为原图像和应用【纹理化】滤镜后的对比效果。

(a) 原图 (b) 应用【纹理化】滤镜效果

图10-54 【纹理化】滤镜的使用

(十七）木刻

使用该滤镜描绘过的图像是由粗糙剪切的彩纸组成的。图 10-55 所示是原图及使用此滤镜后的效果图。

(a) 原图 (b) 应用【木刻】滤镜的效果

图10-55 【木刻】滤镜的使用

(十八）干画笔

此滤镜通过将图像的颜色范围减少为常用的颜色区来简化图像。图 10-56 所示是原图及使用此滤镜后的效果图。

(a) 原图 (b) 应用【干画笔】滤镜的效果

图10-56 【干画笔】滤镜的使用

（十九）壁画

此滤镜通过将图像的颜色范围减少为常用的颜色区来简化图像。图10-57所示是原图及使用此滤镜后的效果图。

（a）原图 　　　　　　　　　（b）应用【壁画】滤镜的效果

图10-57　【壁画】滤镜的使用

（二十）炭笔

使用该滤镜后的效果图像中对比强烈的主要边缘用粗线显示，中间调用对角线条显示，整个图像的颜色为黑、白、灰效果。图10-58所示是原图及使用此滤镜后的效果图。

（a）原图 　　　　　　　　　（b）应用【炭笔】滤镜的效果

图10-58　【炭笔】滤镜的使用

（二十一）铬黄

使用该滤镜处理过的图像具有被磨光的铬表面，在表面的反射中高亮区为亮点，暗调为暗点。铬黄滤镜对于制作金属效果十分有用。图10-59所示是原图及使用此滤镜后的效果图。

（a）原图

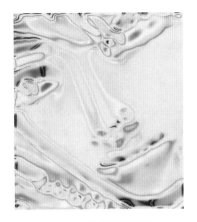
（b）应用【铬黄】滤镜的效果

图10-59 【铬黄】滤镜的使用

（二十二）锐化

该滤镜通过调整图像边缘对比度的方法强调边缘效果，从而在视觉上产生更清晰的图像效果。图 10-60 所示是原图及使用此滤镜后的效果图。

（a）原图

（b）应用【锐化】滤镜效果

图10-60 【锐化】滤镜的使用

【小结】

本任务主要介绍了一些常用的内置滤镜的用法和效果。关于 Photoshop 的滤镜还不止这些，其他的滤镜可以通过自己练习来掌握。同时 Photoshop 还有许多外挂滤镜，可以制作十分神奇的效果。

要了解滤镜的特点，最好的方法是进行各种不同参数的设置试验。只要掌握常用几个滤镜的使用方法后，再使用其他滤镜也就不难了。

项 目 实 训

项目实训一　制作打孔字

练习要点：利用滤镜中的分层【云彩】效果来制作灰色部分，利用彩色半调来制作 S 形文字部分，并利用图层样式等命令来美化图像。最终效果如图10-61所示。

图10-61　打孔字最终效果

项目实训二　将玫瑰花瓣换上斑马衣

练习要点：滤镜、蒙版、通道、图层混合模式，以及图像调整知识的综合运用。素材如图10-62、图10-63所示，最终效果如图10-64所示。

图10-62　素材图片【玫瑰花】　　　　　图10-63　素材图片【斑马纹】

图10-64　最终效果

项 目 总 结

本项目重点讲解了一些使用频率较高的重要内置滤镜的使用方法，并介绍了一些特殊滤镜如【液化】、【消失点】、【镜头校正】滤镜的使用技巧。掌握这些滤镜的使用方法有助于制作特殊的文字、纹理、材质等效果，并且能够提高处理图像的技巧。

思考与练习

选择题

1. 如果扫描的图像不够清晰，可用下列（　　　）滤镜弥补。

　　A. 噪音　　　　　　　　B. 风格化　　　　　　　　C. 锐化　　　　　D. 扭曲

2. 下列（　　　）内部滤镜可以实现立体化效果。

　　A. 风　　　　　　　　　B. 等高线　　　　C. 浮雕效果　　　D. 撕边

3. 所有的滤镜都不可使用（设图像是 8 位 / 通道）的图像模式是（　　　）。

　　A. CMYK　　　B. 索引颜色　　　C. 多通道　　　　D. 灰度

4. 下列关于滤镜的操作原则正确的是（　　　）。

　　A. 滤镜不仅可用于当前可视图层，对隐藏的图层也有效。

　　B. 不能将滤镜应用于位图模式（Bitmap）或索引颜色（Index Color）的图像。

　　C. 滤镜只对 RGB 图像起作用。

　　D. 滤镜不可用于 16 位 / 通道图像。

5. 模糊滤镜包括（　　　）。

　　A. 动感模糊滤镜、径向模糊滤镜、模糊滤镜、特殊模糊滤镜、进一步模糊滤镜、高斯模糊滤镜

　　B. 动感模糊滤镜、特殊模糊滤镜、进一步模糊滤镜、高斯模糊滤镜

　　C. 动感模糊滤镜、径向模糊滤镜、模糊滤镜、特殊模糊滤镜

　　D. 动感模糊滤镜、径向模糊滤镜、模糊滤镜、模糊滤镜、高斯模糊滤镜

6. 下面是关于【像素化】滤镜的叙述，不正确的是（　　　）。

　　A. 【像素化】滤镜处理后的图像是由颜色块构成的

　　B. 【马赛克】滤镜属于【像素化】滤镜，它可以设置马赛克的大小

　　C. 【铜版雕刻】滤镜适宜模拟不光滑或年代已久的金属效果

　　D. 【晶格化】滤镜不属于【像素化】滤镜

参 考 文 献

[1] 王军，杨春红，等. Photoshop CS4 图像设计与制作基础教程 [M]. 北京：中国传媒大学出版社，2014.

[2] 陈晴，等. Photoshop CS6 基础与实战项目化教程 [M]. 北京：高等教育出版社，2014.

[3] 宋世发，万振杰，等. Photoshop CS6 平面设计项目式教程 [M]. 北京：清华大学出版社，2015.

[4] 石利平，等. 中文版 Photoshop CS6 图形图像处理案例教程 [M]. 北京：中国水利水电出版社，2015.

[5] 牛永鑫，等. Photoshop CS6 平面设计实用案例教程 [M]. 北京：化学工业出版社，2014.

[6] 赵军，沈海洋，等. Photoshop CS5 设计案例教程 [M]. 北京：科学出版社，2012.